Agile Product

アジャイルな
プロダクトづくり

価値探索型のプロダクト開発のはじめかた

Explorer

市谷 聡啓 著

インプレス

Foreword
はじめに

　プロダクトづくりにおけるアウトカム（成果）とは何か。そのことをチームが自分たちで考え、実現へと向かう旅の一助となるように、この本を書きました。実際のところ、何がアウトカムにあたるかはプロダクトやチーム、その状況によって変わります。それだけに、不用意に収益性一辺倒の迷宮に入ってしまい、帰ってこれなくなる現場も数多くあると感じています。

　これまでプロダクトづくりに関する書籍を数冊書いてきました。あらためて、そこに1冊積み上げるのは、プロダクトづくりで立ち往生しているチームによりわかりやすく、かつ実践的な手がかりを得てもらいたいと願ったからです。

　さらに、もう1つの理由があります。私はプロダクト開発の支援にとどまらず、組織変革活動の伴走も行なっています。この「組織を変えていきたい」という文脈でもプロダクトづくりの重要性を強く感じています。これからの組織にも、「（チームや組織で向き合うべき）変化を捉えて、適応する」という考え方と具体的な動き方が期待されています。その拠りどころになるのが**アジャイル**です。プロダクトづくりを通じて、組織の中に**最初のアジャイルなチーム**を宿すのはちょうどいい戦略だと私は捉えています。

　ですから、この本はプロダクトづくりのキーパーソンの一人であるプロダクトオーナーはもちろんのこと、プロダクト開発に挑むチームメンバー全員（エンジニア、デザイナー問わず）に、そして同時に、組織にアジャイルを宿したいと考えているすべての人にも読んでもらいたいと思っています。「**変化を捉えて、適応する**」とはどういうことなのか。ここに向き合う人たちにとって、手がかりとな

るようにと書いています。

　広く中身を理解してもらうためには、教科書のような解説だけではハードルをあげることになり、本書が示すアジャイルが想定する状況や課題解決の具体的なイメージが捉えづらくなります。ゆえに、本書では「**ストーリー**」でもって伝え、かつ**解説**でより詳しく学びを得るという形式を採用しています。

　新たな考え方や動き方を自分だけではなく、チームや周囲の人たちにも伝え、一緒になって臨んでもらうためには、正論を通り一遍に押し通すだけでは到底うまくいきません。それぞれの人にある背景や関心に目を向け、ともに段階的に歩んでいく必要があります。この感じをつかんでもらうためにも、本書では「ストーリー」を用いています。それぞれの人物が「なぜ、そうなのか」、また、「ここで、そう言うことが何につながるのか」、そういった視点から時に俯瞰的に「ストーリー」を眺めてみてください。

　さて、この本を読み進めていくにあたって、2つの要点について触れておきます。1つは、この本で扱うのは「**仮説検証型のアジャイル**」であるということです。いかにして価値を見いだして必要な人に届けていくか、という営みに取り掛かるには、価値を探索する「仮説検証」の実践とアジャイル開発の連動が必要不可欠です。時として、プロダクトづくりに価値探索（仮説検証）の動きが不足しており、適切な開発プロセスを踏んでいるにもかかわらず、ユーザーに使われない、ビジネスの結果も出ない、といった状況を招くことが少なくありません。ですから、本書では特に「**アジャイル開発との連動を想定した仮説検証**」に焦点を置いています。もちろん、プロダクトチーム内の役割を問わず、共通して体得しておいてもらいたい内容として描いています。

　もう1つは、アジャイル開発のベースとして適用する**スクラム**についてです（**図A**）。仮説検証においてスクラムをどのように捉え直すかは重要なテーマのため、本書でも扱っています。スクラムの基本については、すでに数多くの書籍があるため、本書では割愛していますが、少なくとも「スクラムガイド」※に目を通しておけば、本書の内容で迷子になることはないでしょう。

※　https://scrumguides.org/download.html
　　https://scrumguides.org/docs/scrumguide/v2020/2020-Scrum-Guide-Japanese.pdf

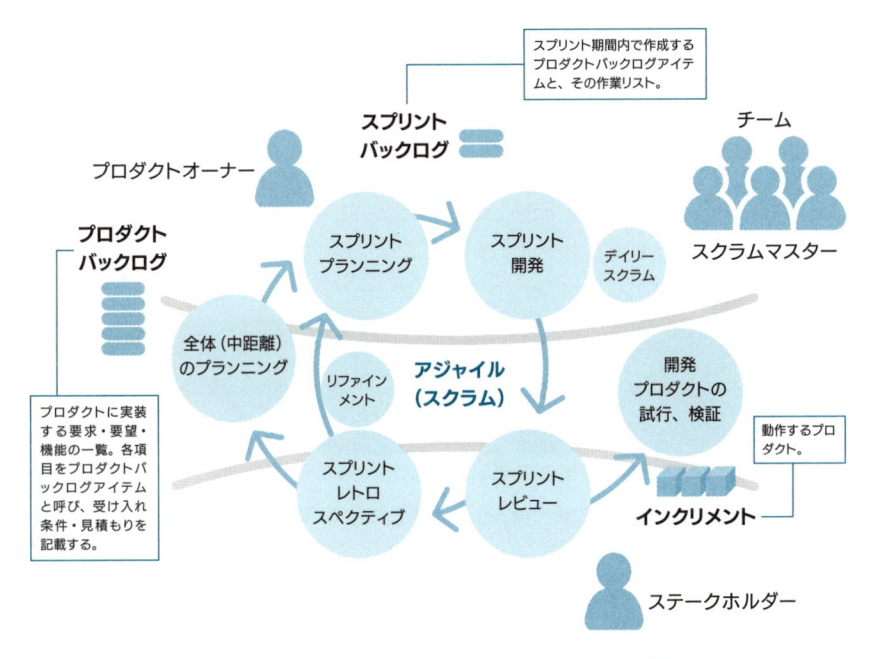

図A スクラムをベースとした本書で想定するアジャイル開発

　本書を通じて、プロダクトづくりにどのようにして価値探索（仮説検証）を取り入れるか、その始め方を学ぶことができます。ですが、プロダクトづくりは奥行きの広い活動です。プロダクトマネジメントやプロダクトづくりのためのエンジニアリング、デザインなど、この旅に必要なことはかなり広範囲にわたります。しかし、その「芯」にあたるのは「**誰にとってのどんなことが価値になりうるのか**」という問いです。この問いに向き合い続けることで、私たちは具体的なアウトカムを見いだすことができるのです。

　さて、そろそろ本編の入り口に立つといたしましょう。私たちのプロダクトづくりを巡る旅のはじまりです。

Contents

Prologue

プロローグ

「こういうのはプロダクトづくりとは呼ばない。」

　十二所さんの一言に、ミーティングの空気が凍りついた。今まで味わったことがない温度感だ。僕はいったいどんな表情でこんなことが言えるのかと十二所さんの横顔を盗み見した。普段とまったく変わらない感じの澄まし顔だった。こちらの小波立った気持ちなんて、まったく興味もないのだろう。

　彼が目の前で突き放したプロダクト開発を、僕はもう3年も続けている。僕たちのプロダクトはプロジェクト管理のためのツールで、チームによるタスクマネジメントが中心機能になっている。僕が関わる数年前にはローンチされているので、それなりにユーザーはついている。だけど、正直に言って競合のプロダクトと比べて目新しさもなく、僕が関わってからはユーザー数の横ばいが続いている。十二所さんに言われるまでもなく、ビジネスも開発も停滞気味だ。

「笹目くん、彼にうちの開発がどんななのか、ちゃんと話しているのかな！」

　止まっていた時間を動かしたのはチームリーダーの二階堂さんだった。十二所さんにではなく、なぜか僕のほうに矛先を向けてきた。いつもスプリントレビューで、期待通りのアウトプットを出せない僕に降り注ぐ、なじり口調と同じだった。

「は、はい。チーム参加のオリエンテーションは済んでます。」

思わず声が上ずった。なじられるのはいつものことだが、慣れることはない。

「まだ、ろくにスクラムイベントに参加してもいないのに、十二所さんけっこう言いますねえ。」

　そう続けたのは、同期の小坪くんだった。小坪くんと僕は入社5年目になる。十二所さんのほうはキャリア採用で、つい1か月前に入社したばかりだ。僕より3つか4つ年上のはずで、年齢は二階堂さんとほぼ変わらない。チームの中では年長のほうにあたるためか、入社間もないにもかかわらず、十二所さんの言いっぷりは遠慮がない。

「スクラムイベントに出るまでもない。プロダクトバックログを見れば、このチームがいかに機能していないかわかる。」

　もはや口を開くたびに、火の手が上がるようだ。十二所さんは決してけんか腰ではない。独り言のように、誰の目を見ることもなく言い流している。僕の心臓の鼓動はますます速くなっている。

「これはまたスゴい人が入ってきたねー。」

　二階堂さんのほうを見ながらにやにやして言ったのは、セールス担当の大町さんだった。大町さんは、二階堂さんの同期で付き合いも長いらしく、二階堂さんに向けた言葉は特にラフな感じになる。もっとも大町さんの性分らしく、そもそも相手を問わず、よく言えばフレンドリーで、悪く言うとおおざっぱなところがある女性である。このミーティングは、セールスの大町さんに向けた開発チームからの進捗共有のために開かれている。大町さんに応じることなく、二階堂さんはやや声を荒らげた。

「十二所さん、うちのバックログのどこがダメだって？」

「プロダクトバックログのそれぞれの狙いがわからない。バックログというか、ただのタスクリストになっている。」

「狙い？　ちゃんと、それぞれのバックログアイテムに書いているだろう。」

「やることは書いているが、何のためにやるのかは書いていない。だから、単なるタスクと変わらない。」

　言葉に詰まった二階堂さんに代わって、小坪くんが反論した。

「タスクになっていて何が悪いんですかね。僕らはこれでずっとやってきていて、ちゃんと進捗も出ているんですよ。」

「いや、プロダクトバックログがタスクで埋め尽くされていたら、一見アウトプットは出ているように見えるだろうけど、アウトカムは見えないままになる。」

　今度は大町さんが興味深そうに聞いた。

「アウトプット？　アウトカム？　何が違うの、それ。」

「アウトプットは作業をすれば何かしら生み出されるもので出力結果にすぎない。アウトカムが成果にあたる。当然、チームとしてはアウトカムを意識し、何をやるべきかを判断するべきだ。」

　ことごとく歯に衣着せぬ十二所さんの言いっぷりに、場の空気が別の感じに変わっていく気がした。この人、なんか違う。一言一言に単なる理屈ではなく、経験の裏打ちを感じる。それを二階堂さんも、大町さんも、小坪くんも感じ取ったのだろう。下手に突っ込みを入れなくなってきた。

　もはや、ミーティングとしてのこの場をどのように収拾をつかせればよいのかわからない。でも、どうにかしないといけない。僕はわからないなりに言葉を継いだ。

「あのー、十二所さんは何か僕らのチームの改善点を見つけてくれているような気がします……。なので、今日のこの場は進捗確認を進めて、またあらためてふりかえりの場でいろいろと挙げるようにしませんか？」

「……そうだな。このミーティングはふりかえりではないからな。」

　何とか場を収める手がかりを得られたからか、二階堂さんはそう応じてくれた。大町さんへの進捗共有にアジェンダを戻そうとした、そのとき、思いがけない指摘が飛んだ。

「この謎の進捗会議を続ける意味があるとは思えない。」

　もちろん十二所さんだった。だんだん僕はこの人に怖さを感じ始めてきた。それは僕だけではない、他の面々も同じだったのだろう。誰も言葉を発しなくなっていた。凍てついた空気を破ったのは、この場を凍らせた張本人だった。

「このプロダクトづくりには、3つの『**夜も眠れない問題**』がある。まず何よりも、その問題について話し合うべきだ。でなければ、いくらタスクの消化状況を確認したところで、一向にアウトカムにたどり着くことはない。」

　突然の問題提起に全員もちろん反応できないし、同時にその中身が気にもなった。何しろ僕らのプロダクト開発はあれこれと昔よりは改善してきているものの、こと成果という点ではうまくいっていないことをここにいる全員が認識している。十二所さんは僕らの関心がついてくるか様子を見計らっているようだった。

「今からその問題を挙げていくので、ファシリテートをお願いしたい。」

　そう言うと、十二所さんは僕のほうを見た。初めて、彼がこの場にいる人に向き合った気がした。彼の直視に耐えきれなくなって目線を外すと、すぐさま十二所さんは言葉を続けた。

「笹目に。」

　なんで僕なんだ？

第 1 部

改善探索編
──今あるプロダクトを再探索する

笹目 (ささめ) 主人公

入社5年目。受託開発のプロジェクトを経て、自社プロダクトである「プロジェクト管理ツール」の開発にエンジニアとして参画している。すでに3年が経過しているが思うように結果が残せず、スプリントレビューでは毎回詰められる日々を送っている。

十二所 (じゅうにそ)

1か月前にキャリア採用で中途入社した。笹目よりも4歳年上。普段は無口で物静かだが、プロダクトづくりについて確固たる自分の考えを持っている。そのため、周囲にはまったく遠慮しないもの言いで、しばしば暴風に近い波風を立てている。

二階堂 (にかいどう)

プロジェクト管理ツールのリーダー。十二所とは同じ年齢。会社の中では「エース」と目される評価を受けている。リーダーらしく余裕のある雰囲気を常にただよわせている。マネージャーの西御門とはあまり合っていない。

小坪 (こつぼ)

プロジェクト管理ツールのエンジニア。笹目と同期にあたる。真面目な性格で開発に真摯に向き合っている。二階堂を理想のエンジニア像、リーダー像として慕っている。

大町 (おおまち)

プロジェクト管理ツールのセールス担当。二階堂と同期にあたる女性。社内の新規事業系のセールスを一手に引き受けているが、従来の受託開発領域についても数字を背負っている。同期の二階堂をはじめ、開発チーム全体に向けて容赦のない意見を繰り出している。

滑川 (なめりがわ)

プロジェクト管理ツールのスクラムマスターを務める。スクラムマスターの豊富な経験を期待され、外部から業務委託として参画している。教科書に忠実で簡単には自説を曲げたりはしない。二階堂とは信頼関係がある、らしい。

第 1 章

プロダクトにまつわる
夜も眠れない問題

 STORY　なんちゃってスクラムと、むやみな数値目標と、目の前最適化

　僕はホワイトボードのペンをつかもうとして、手を滑らし落としてしまった。場は明らかにピリついている。セールスの大町さんへの進捗共有の会は、まったく思いもよらない方向へと踏み出していた。この空気を作り出した張本人の十二所さんは相変わらず涼しい顔だ。

　一方、リーダーの二階堂さんもにこやかな表情を装っているように見えるが、眼鏡の奥にある目は笑っていない。何しろ、目の前で「このチームは機能していない」と切り捨てられたのだ。

　二階堂さんは、うちの会社ではいわゆる「エース」と呼ばれる人だ。これまで数々の燃え盛る受託プロジェクトをかいくぐってきている。開発者でありながら、チームマネジメントも務める、万能な人だ。その実力を認められて、鳴かず飛ばずの自社プロダクトに引っ張り込まれたという構図だ。

　実際、二階堂さんの下で仕事をしてきて、チームの開発が大きく変わったと感じる。正直適当に作り進めていたにすぎなかったが、きちんとプロダクトとしてのKPI[1]

※1　Key Performance Indicator／重要業績評価指標。

を設定し、チームメンバーそれぞれがするべきことに迷うことなく日々に臨めるようになってきたところだ。

二階堂さんが外部から連れてきたアジャイルの専門家がスクラムマスターを担うことで、僕たちのチームはスクラムに取り組むことができている。まさに、そのスクラムマスターの滑川さんがおもむろに口を開いた。

「この1年で、このチームは様変わりしていますよ。入ってきたばかりの十二所さんは、まだこのチームのことがよくわかっていないだけじゃないかな。」

余裕のある口ぶりだが、内心には不快さがただよっているのだろう、その表情ににじみ出ている。滑川さんは二階堂さんに目配せして、自分が代わりに話すことを暗に伝えてみせた。

「十二所さん、このチームはちょうど1年前にスクラムを始めたんです。私がスクラムマスターとして関わるようになってからです。確かに、それまではスクラムの影や形もなかった。それが今では、社内で模範とされるようなスクラムチームになっている。」

いつものように滑川さんは滑らかに話し始めた。滑川さんがどのくらいアジャイルについてのキャリアがあるのか僕はわからないのだけど、スクラムイベントの進行は滑川さんの下で、いつもアジェンダの予定通りに進み、時間通りに終わっている。ファシリテートの経験が深いのは間違いなかった。

「最初はスプリントレビューにもかかわらず見るべきアウトプットがほとんどなくて。思ったように自分たちの仕事ができていなかったんですね。そこから、スプリントレトロスペクティブ（ふりかえり）をきっちり実施するようになって、少しずつチームとしての改善を進めてきました。その結果、この数スプリントは、常に最高のベロシティ[※2]をたたき出しています。」

少し息を継いで、滑川さんは得意げに十二所さんをチラ見した。僕もホワイトボードの前に立っているものの、さっきの滑川さんの話をどう書き出せば良いか

※2　スプリントあたりの開発量。

わからず、十二所さんの顔をうかがった。当の十二所さんはまぶたを閉じていて、聞いているのかどうかもわからなかった。

　しかたなく、なんとなく"最高のベロシティ"と書きかけて、しかしやめた。確かに僕たちのチームはかなりのアウトプットを出せるようになっている。でも、実態はみんな苦労してどうにかやっとこなしているという毎日だ。誰も言及しないけども、その状況が僕にはどうにも望ましいとは思えなかった。

「このチームで追っているのはベロシティだけではないです。プロダクトとしてのKPIももちろん置いてます。登録ユーザー数、アクティブなユーザー数、それから収益の視点を欠かすことはできませんから、MRR^{※3}も追っています。これはセールスの大町さんとも合わせている数字ですね。」

　水を向けられたものの、大町さんは反応しない。まるで十二所さんと同様に声が届いていないようだ。今日に限ったことではなく、滑川さんは話し始めると語りが長くなる。そのあたりが大町さんをはじめ、何人かのメンバーからあんまり好意的には受け止められていない。いつものことだ。滑川さんはかまわず続けた。

「思うようにアウトプットがままならなかったチームも、今では違います。それぞれが自分のやるべきことを明確に意識して、自分の役割を果たしています。効率性を高めるためには、メンバーそれぞれの得意領域を作り、そこに集中することです。チーム内のコミュニケーションをもちろん重視しますが、同時にムダなやりとりが発生しないようにも注意を払っています。」

　スクラム、KPI、効率性。滑川さんのいつもの解説が続く。それでも、小坪くんは聞き逃すまいとメモを取っているようだ。二階堂さんも、満足そうにうなずいている。

「それぞれが自分の経験を活かせるように、バックログの割り当ても、各自の担当領域に基づいて行ないます。メインのタスクボード機能は二階堂さん、ユーザー管理機能は小坪さん、収益管理はまた別のメンバーに、と。こうやって領域を決めておけば、スプリントプランニングも効率良く進められます。誰が何をやるか、

※3　Monthly Recurring Revenue ／月間経常収益。

いちいち迷わなくて済みますからね。結果、プランニングにはほとんど時間を割いていません。デイリースクラムも不要になっています。」

ひとしきり解説を終えて、滑川さんはしたり顔だった。滑川さんが言う通り、僕らはずいぶん効率的になっている気がする。でもその分、自分の目の前のタスクがすべてになっていて、他の人の様子をほとんど気にしなくなった。だから、デイリースクラムもいらなくなってしまっている。僕にはうまく言えないのだけど、これで本当に良いチームと言えるのかと、もやもやしたものがいつもどこかでつっかえている。

ここで、ようやく十二所さんが目を開いた。

「もう、いいですか？」

短い一言が、場の空気を一気に乾かした。このとき、十二所さんがほぼ同い年の二階堂さんや大町さんには対等の口調で、外部の人だからなのか、それとも年上だからか、滑川さんには一応の敬語を用いるといった使い分けがあることに気づいた。だけど、口調は多少変わったものの、温かみは引き続きまったくない。

「いや、私の話を聞いてましたか！」

なんちゃってスクラムと、むやみな数値目標と、目の前最適化という3つの話でしたね。」

滑川さんのつっかかりに、すぐさま十二所さんがそう応じた。

「な、なんちゃって!?」

スクラムマスターとしてのプライドをあっさり踏みにじられて、滑川さんは声を荒らげた。

「このチームには、3つの『**夜も眠れない問題**』があると言ったが、なぜ3つもあるのか理由がわかった。スクラムマスターが説明をしてくれた3つがそのまま不眠問題になっている。」

そう言って、十二所さんは二階堂さんを冷たい視線で射抜いた。こんな状況になっているのは、お前のせいだと言わんばかりだ。そんなふうに見られて、二階堂さんにももう笑みはない。そっと、二階堂さんはチームメンバーのほうを向いて問いかけた。

「うちのチームに眠れていないメンバーなんて、いたかな？」

「僕はちゃんと寝られてますよ！」

　小坪くんが即座に答える。そうだよなあと二階堂さんは受け止める。他のメンバーもうんうんとうなずいている。僕は……眠れていないかもしれない。そう言いたかった。自分のことでも、チームのことでも、もっと言葉に出したいことがある。でも、二階堂さんの視界の中にはきっと僕は存在していない。ずっと何も言えないままだった。それは、きっとこれからも。

　僕はまだ何も書き出せていないホワイトボードペンをぎゅっと握りしめた。意を決して、「3つの眠れない問題」とタイトルを書き出す。十二所さんだけが冷静にその後を引き受けた。

「3つの問題とは、ユーザーと、チームと、プロダクトのことだ。」

　僕は繰り出される言葉をそっくりそのまま書き連ねていく。

「プロダクトの健全性を保つためには、ユーザー、チーム、プロダクト、この3つを常に見るようにする。このチームは、KPIやベロシティといった指標は掲げているが、結果的に見るべきものが見れていない。」

「いやいや、ユーザーについてはKPIで、チームはふりかえりで状態を把握するようにしていますよ！　プロダクトが何を意味しているのかわからないですが、着実に機能の実装を重ねています。ちゃんと結果も出ているんです。さっきから、一体何が言いたいんですか!?」

　さっきまでの丁寧な物腰は滑川さんからすっかり消えてしまっている。その様子に、僕も含めてみんな気おされる感じだった。

「だから、言っているじゃないか。**見るべきものが見れていない。**」

そう言って、十二所さんは僕に目配せした。これから言うことを書いていってくれ、ということなのだろう。そして、滑川さんにとどめをさした。

「チームとして捉えるべきは、どれだけ**"変化"**に対応できているか、だ。」

解説　プロダクト開発における夜も眠れない3つの問題

プロダクトチームとなれば、KPIやOKR[4]といった意図的に設定する目標、またプロダクト開発のリードタイムやデプロイ頻度、あるいはチーム自身の状態を測るベロシティなど、いくつもの見るべき指標を置いていることでしょう。いずれも、状態を判断するための情報です。ただ、これらの指標を漫然と追いかけているだけでは、プロダクトとそれを手掛けるチームとして「価値」を生み出せているのか判然としません。

プロダクトを利用する人たちにとっての「価値」が確かに生まれていて、そしてそれを実現するチームも「持続的に活動できる状態」になっている。また、そうあるためにはプロダクト自体の状態やプロセスが正常な状態かも問われます。ユーザー、チーム、プロダクトこれらが「どれか1つ」といった偏りではなく、すべてについて健全であるかを見るのです。

---

[4]　Objectives and Key Results／目標と主要な結果。

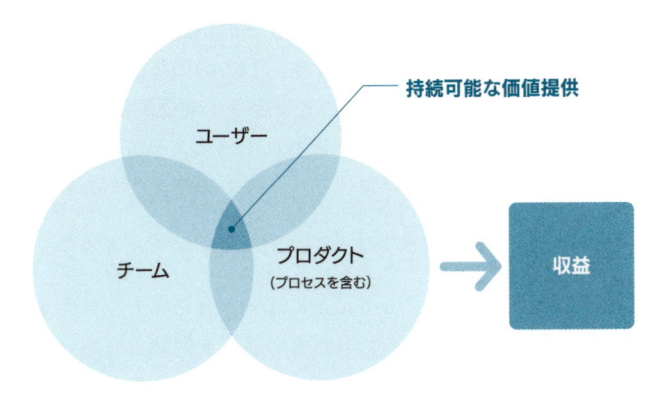

図1-1 プロダクトづくりの3つの視点（ユーザー、チーム、プロダクト）

　プロダクトの開発・運営が持続しているチームにおいてこそ、この3つの視点で起きうる「不眠問題」があります[5]。

1 ユーザー視点での「不眠問題」

　プロダクトの提供が持続しているということは、事業上一定の成果をあげているということです（もしそうではないとしたら……別の問題に焦点を当てなければなりません）。着実にビジネス面での指標計測を行ない、適宜改善を織り込むサイクルを回せている。だからこそ生まれるのが、数字を追うのに注力しすぎるあまり「ユーザーの声を聞く」「反応を見る」ことをあと回しにしてしまっている状態です。

　収益指標を中心とした計測の精緻さ、こだわりに比べて、ユーザーのインサイト[6]収集にあまり手が出せていない。または相当昔に、それこそプロダクトの立ち上げ期にユーザー調査を実施して以来アップデートができていない。そんな状況が長く続けば続くほど、ユーザーから本当のところ何を期待されているのか想像することも難しいでしょう。

2 チーム視点での「不眠問題」

　目の前のビジネス成果をあげるために、注力することの1つは日々のオペレーシ

※5　インセプションデッキでいうところの"夜も眠れない問題"に相当するものです。インセプションデッキについては第3章で解説します。
※6　ユーザーが内に持つ思考や志向。

ョンを研ぎ澄ませることです。それは日々のチーム活動や個々人の役割を固定化していく流れと隣り合わせになっていきます。目の前の成果を念頭に置いていると、チームの営みに「ゆらぎ」が生じることに徐々に消極的になるものです。「予定通りに結果が出る」ということに心が奪われていく、その先に待っているのはチームごとのサイロ化[※7]、さらには単一チーム内での個人ごとの分断です。

チーム内で過度に役割を決めすぎると、それぞれが目の前のことにのみ集中し、結果的に互いのことが見えなくなってしまいます。ところが、見えなくなっても自分の手元の仕事が止まりさえしなければその状態を問題とも感じなくなります。スプリントプランニングもスプリントレビューも同じ時間をただともにしているだけだが、そこに特に違和感を覚えていない。デイリースクラムがなくて、互いの様子が一向にわからなくても特に困らない。1つのチームでありながら分断している、その異様さに何も感じていないとしたら危険です。

3 プロダクト視点での「不眠問題」

この視点での問題には大きく2つ系統があります。1つは**プロダクトそのもののエンジニアリング面の問題**、もう1つは**プロセス面の問題**です。

前者の**エンジニアリング面の問題**で必ずと言って良いほど直面することになるのが技術的負債問題です。これは運用を一定期間続けているプロダクトには避けられないテーマと言えます。負債の深刻さには度合いがあり、たとえば、既存機能への影響の見極めと対処のために、新たなアイデアを実装するのに1か月かけてもままならないといった具合になってくると、いよいよ問題は根深いと言えます。スプリントの長さ（多くの場合1〜2週間）をはるかに超えた時間軸で対応にあたらなければならないとすると、スクラム自体が成り立ちません。

後者の**プロダクトづくりにおけるプロセス面の問題**も挙げておきましょう。こちらもよくあるのは、スクラムを適用しているとしながらも、その実態が単なる「タスクマネジメント」になっている状況です。タスクマネジメント自体は当然に必要なことですが、スクラムの本質を体現できていないままではプロダクトづくりとして決定的に不利にあると言えます。本書で明らかにしていきますが、スクラム（アジャイル）の意義とは、プロダクトとチーム自身に「**適応**」をもたらす

※7　連携や情報共有が不足し互いに疎な関係になっている状態。

ところにあります。「効率の良いタスク消化」だけを追うプロセスでは、「適応」自体が生まれづらくなります。

3つの視点からプロダクトづくりの健全性を捉える

では、どのようにしてこれら3つの視点で健全性を見れば良いのでしょうか。健全性を捉えるうえで、逆に「不健全さ」から考えてみましょう。プロダクト運営における不健全さとは、ユーザーやチームメンバーの声が届いておらず、本来対応するべきことにも対応できていない、対応できるようなプロダクトにもプロセスにもなっていない、という状態です。それは、**どれだけユーザーやチームの声や反応に基づいて、プロダクトと自分たちの動きに「変化」を作れているか**、で判断ができます。

ユーザーが求めるところ、期待すること、またチーム自身が望むような仕事の状況に持っていけないとしたら、早晩プロダクトがもたらす価値は頭打ちとなり、やがて減じていくことにもなりえるでしょう。そうならないためにも、次の視点で状態を「診る」ようにしましょう。

1 ユーザーの視点で「診る」

最後に、ユーザーの声や反応に基づきプロダクトに「変化」をつけたのはいつか。そのためには、そもそもユーザーとの関わりを持っていることが前提です。具体的には、ユーザーインタビューの頻度、回数、そこで得られたインサイトの量と質、これらについてわかるように記録しておきましょう。ユーザーインタビューの実施のたびに何がわかったのかを要約として残しておくと良いでしょう。

最後にユーザーの声を聞いたのが半年前で、実際にプロダクトに変化をつけたのはさらにその前の時点までさかのぼらないといけない、としたら黄色信号です。

2 チームの視点で「診る」

最後に、ふりかえりなどに基づき、チーム全体としての「変化」を取り入れたのはいつか。これも、チームで「ふりかえり」の活動が実施できていることが前提です。そのうえで、局所的な改善ではなくチーム全体がより良く動いていけるような施策が挙げられ、取り入れられているかを判断します。ここで留意したいのは、「改善」だけの視点では頭打ちがあるということです。目に付きやすい顕在

的な課題を見つけて、穴埋めしていくことだけが目指す状態ではありません。「チームとしてどうありたいのか」を捉え直すことで、潜在的になりがちな「向かいたい方向」を明らかにしましょう。「チームとしてどんなところにたどり着きたいか」その意志がはっきりとしてくると、その分「何にトライするのか」も見えてくるようになります。

3 プロダクトの視点で「診る」

ユーザーやチームに基づいた「変化」を取り入れていくためには、**プロダクトが変化を加えやすい状態になっているか（変更容易性）**、また**プロセスとして「変化」を捉え対応するような仕組みになっているか（変化適応性）**が問われます。前者は「変化を加えようとして決意して、実際に加えられるまでのリードタイム」、後者は「ある期間内で挙げられた"変化を起こすためのバックログ"の数」を追っていくことで評価をします。

もちろん、どれだけ変化に対応したか、という結果を追っていくことも重要です。ただ、わかりやすく捉えられる結果にまでなかなかたどり着けないという現実もあります。まずは、「変化」へのトライがどれだけ考えられ、実際に行動に移せているか、という変化の**「起点」**のほうを捉えるようにしましょう。起点があるからこそ結果を生み出せるのです。

自分を動かすハンドルは、自分で握れ

なるほど、どれだけ「変化」に対応できているか、か。僕はそんな切り口で日常を考えたことはなかったので、言われてみれば新鮮だった。ひとしきり十二所さんの示唆を受けて、他のメンバーも、ちょっと簡単には返事ができないようだった。

もっとも食ってかかっていた滑川さんも何かを言ったそうで、それでいてうまく反論が紡げないようだった。大町さんはそんな様子を意外そうに眺めている。二階堂さんはうつむき加減で表情がよくわからない。

「何を診ると良いのかも挙げた通りだ。さっそく、3つの観点で捉えにいくための
バックログを挙げておきたい。」

　誰からも反論がないのを良いことに、十二所さんはさっさと具体的な動きにつ
なげていこうと話を進めにかかった。あわてて、滑川さんが口を開いた。

「ちょっと待った、今日はプランニングをする時間ではないんだ。新たなタスクを
積んで、アサインまでするなら、プランニングの日で行なうようにしたい。」

　いかにも「週があけてからセレモニー的にやるのと、今すぐこの時間を利用し
て決めるのと、何が違うんだ」といった雰囲気で、十二所さんは滑川さんの提案
をスルーしようとした。何も言わず、必要そうなタスクの列挙を僕に促した。

「十二所さんの言いたいことはよくわかった。」

　二階堂さんの声に、僕は書き出そうとしていたホワイトボードペンの動きを止
めた。

「でも、今の状態がそれほど悪いものなのか、納得がいっていない。まだ、想像で
話しているだけで、十二所さんが言うほど本当にダメなのか。だから、もう少し、
状態を見極めるための話し合いを続けないか？」

　二階堂さんの提案は妥当だった。30分前に乱暴に降って湧いた、十二所さんの
もの言いだけを頼りにタスクのアサインまで決めてしまうのには、僕もついてい
けない。少なくとも、今日の今日ではなく、次のプランニングのときでも良い気
がする。他のメンバーだって、誰も今の状態を夜も眠れないほど悪いとは思って
いないのだ。ところが、十二所さんはそんな二階堂さんのいい感じのまとめすら
もはねのけてみせた。

「週があけてからセレモニー的にやるのと、今すぐこの時間を利用して決めるのと、
何が違うんだ？」

　十二所さんは、僕が想像した通りのことを言ってのけた。さすがに、他のメン
バーにも緊張が走る。明らかに十二所さんは言いすぎている。エース、リーダー

としてのメンツをつぶされるわけにはいかない二階堂さんが、「そっか、そういえばそうだよね、じゃあ今から決めようー！」なんて合いの手を入れるはずもない。

「ちょっと、十二所さん、さすがに、ですよ。」

　僕は二階堂さんが怒りに任せて破滅的な言葉を吐き出す前に止めに入った。そんな僕を十二所さんはほんの少しだけ驚いた目で見た（ような気がした）。そして、浮かんだ感情は一瞬で消え去り、十二所さんは他の人に向けてと同様に、ひどく冷たい目で僕を見据えた。ここで負けたら、チームが崩壊する。僕は踏みとどまって続けた。

「このチームのリーダーは、二階堂さんです。二階堂さんが納得しないうちに、勝手に動くわけにはいかないですよ。」

「このチームは、リーダーの指示がないと動いてはいけないのか？」

「少なくとも、今まではそうしてきました。」

　まるでエアコンの吹き出し口のように、ますます十二所さんから冷たい空気が流れ出てくるようだった。次何か言われたら、もうあきらめよう（僕はがんばった）、そう心に決めたとき、十二所さんは意外なことを口にした。

「やるべきことを洗い出し、あとでバックログには追加しておく。進めるのは俺でいい。」

　思ってもみない矛（ほこ）の収め方に、僕はもちろん、チームのみんなも、静まりかえった。とにもかくにも、危機は去ったのだ。そのことに気づいた人から、なんとなくほっと息をついていく。もう、このミーティングには用はないと判断したのだろう、十二所さんはさっさと離れていく。そして、離れ間際に、僕のほうを見た。まだ何か言い足りないのだろうか。十二所さんは、一人だけ緊張で身を固くした僕にしか聞こえないくらい小さな声でつぶやいた。

「自分を動かすハンドルは、自分で握れ。」

これが、僕と十二所さんの「始まり」だった。

解説 変化への適応に向けた手がかり

　第1部では、ユーザー、チーム、プロダクトの3つの観点について、**どのように
して「変化」への適応を行なっていくのか**を扱っていきます。この3つの観点は、
「ちょっと調子が悪いな」「そろそろ点検しておこうか」といった具合に思いつき
で見るものではありません。プロダクトのライフサイクルを通じて「見続けてい
く対象」です。むしろ、見続けなければ、見えてくる結果をそれで良しとするの
か、判断することができません。見続けることで、正常・異常の判断を下すため
の基準が初めて自分たちに宿るようになるのです。

1 第2章 ユーザー観点での変化への適応

　ユーザーからの声を集めるために必要な活動について扱います。定量的な利用
データの把握は前提とし、直接的にユーザーの声に触れるための「ユーザーイン
タビュー」をテーマに置きます。長く運用しているプロダクトほど、「前回ユー
ザーの声を集めたのはいつか？」を見失っている場合が珍しくありません。また、
定量的なデータは把握できているため十分と感じ、定性データの重要性について
その認識を高められていないチームもよくあります。なぜ、ユーザーインタビュ
ーが重要視されないのか。それはそもそもの「**仮説**」を持っていないためです。

　ユーザーにどうあってほしいかというビジョンから、利用体験・利用の目的を
踏まえて機能レベルとしてこれから何が備わっていくと良いのか、これらの仮説
がチームに存在しないため、確かめようという動きも強まらないのです。どのよ
うにして、仮説を立てるのか。まずはここから始めなければなりません。

2 第3章 チーム観点での変化への適応

　目の前のことについてのみ「改善」を繰り返していくと、最適化の罠にはまって
しまう可能性があります。効率化のための「改善」は必要ですが、それだけしか
ない場合、チームに「どこに向かっていくのか」という視点が育っていきません。

うまくいっているように見えるチームでも、その実は、タスクの消化やアウトプット量が多いというだけで、未来に向けた展望を描けているわけではない、ということはよくあります。

　おそらく、どこかで「われわれはなぜここにいるのか」（われここ）に答えきれなくなり、ついていけなくなったメンバーから離れていく事態が予想できます。チームに「われここ」があるからこそ、ユーザーやプロダクトに対して、「こうしたい」「こうありたい」という思いが宿り、そのための「仮説」が立つようになるのです。チームにとって共通のWHY（目的、目標）を定義することから始めましょう。

3 第4章 プロダクト観点での変化への適応

　具体的には、プロダクトそのものとプロセスの2つの観点に分けて捉えていきます。プロダクトについては、避けては通れない技術的負債にチームとして、あるいは組織としてどのように向き合っていくのかが問われます。そう、この手の問題の難所はいかに、組織的にこの課題について理解してもらうか、ということです。負債の返済について設計、実装としてどうすれば良いかは目処をつけられても、そこに時間を投じるという判断ができなければ対処自体が始まりません。技術的負債の問題は、常に、未来に向けた投資と、目の前のビジネス的な収穫との二項対立にあります。

　もう1つ、プロセスを観点として挙げるのは、その場限りにユーザー、チーム、プロダクトの問題に向き合うだけでは同じことの繰り返しになるためです。プロダクトの開発・運営とは「ライフサイクル」と呼ばれるように延々と続く日々の営みなのです。一時の急場をしのげたとしても、やがて、ユーザーやチーム、プロダクトについて思うようになっていかない「変化不適応の負債」が再び積もり始めて、また気がついたときには手がつけられない状態になっている。そんなことの繰り返しに付き合う人やチームはいません。プロセスとして、いかに状況の変化を捉え、適応していくか。プロセスの適応性を作り直すところをテーマとします。

第2章

最後に、ユーザーと
対話したのはいつだった？

 STORY それは単なる"変更"であって、"変化"とは呼ばない

「このスプリントではユーザーインタビューの準備を行なうから、その他のタスクは引き受けられない。」

　まるで、時間が止まったようだった。十二所さんの一声によって、ピタリと誰も発言しなくなった。僕たちは今、2週間に一度開いているプランニングのミーティング中だった。これから始める2週間分のタスクを見定めて、誰がどれをやるか決める。小坪くんや二階堂さんが順調にタスクにサインアップ（タスクを引き受ける）していく中、十二所さんだけが沈黙を貫いていた。

　それを捉えた滑川さんが「十二所さんのほうで、プロジェクト設定まわりの機能修正を頼めますか？」と声をかけたところ、即座に返ってきたのが冒頭の返事だった。有無をも言わせない、確信に満ちた、まるで「宣言」だった。それでも、顔を引きつらせながらでも、反論した滑川さんはさすがだった。

「そんな勝手な判断が許されるわけないでしょう。私たちはチームで仕事に取り組んでいるのです。」

　滑川さんの言う通りだった。前回のミーティングでこのチームの3つの「不眠

問題」について言及した十二所さんだったが、誰もそれについての時間を割くつもりはなかった。おのずと不眠問題バックログは十二所さんが引き受けるしかない。その分、他のタスクはやらないというわけだ。二階堂さんがあとに続いた。

「滑川さんの言う通り。本当に、十二所さんが言うタスクを優先しなければならないのか、チームとしての判断が必要だね。」

　にこやかにしているものの、二階堂さんからは十二所さんに勝手なまねは許さない、という断固とした雰囲気がただよっている。当の十二所さんはまた静かにだんまりを決め込んだようだ。こうして、ミーティングの時間が膠着することが圧倒的に増えている。

　僕は小さくため息をついて、このミーティングを始める前に十二所さんと交わした会話を思い出した。十二所さんがぶっきらぼうに言い放つことにも何か背景や真意がある。突き放す言い方に、誰もが積極的に会話をしようと思えなくなるのだけど、言葉を引き出すことで、もう少しわかることがあるはずだと思っていた。僕が聞いたのは「プロダクトが変化に対応できていない」という発言についてだった。

「このチームはプランニングを定期的に行なっていて、その都度やるべきことは何かと判断し、選ぶようにしています。プロダクトのうえでの"変化"は起きていると思います。」

「それは単なる"変更"だ。"変化"とは呼ばない。」

　変更と、変化。何が違うんだ。似たような言葉じゃないか。そんな僕の不満が見て取れたのか、珍しく十二所さんのほうから補足した。

「ユーザーの声や反応に基づきプロダクトに手を加えたのは、いつのことだ？」

「え、ユーザーの声、ですか？」

　確かにプランニングでいくつものタスクを挙げてさばいてきているが、ユーザーの声をわざわざ聞いて何かする、というのは少なくとも僕がこのチームに入っ

たこの3年では一度もない。

「以前にも言ったが、バックログを見ればこのチームのプロダクトづくりが機能していないのはわかる。軽微な見た目の変更や修正、運用に基づくタスク、バグ対応が大半を占めている。」

　僕はチームのバックログを見直したが、十二所さんの言う通りだった。それがまずいことだとはまったく思ってもいなかった。やるべきことを淡々とこなしてきただけだ。これのどこに問題があるのか。僕が発言するまでもなく、十二所さんはその疑問に答えた。

「バックログのどれもこれもが"チーム"から出てきているだけだ。"ユーザー"から出てきていない。これで、どうやってユーザーにとって適したプロダクトになっていくのか？」

　自分たちがやるべきだと思っていることでしかない。ユーザーの実際の行動や状況を想定したうえで挙げているわけではない。あくまで、自分たちの仕事にとって必要なこと（運用やバグだ）でしかない。あとは、セールスの大町さんがクライアントに売り込むために要請してくる機能くらい。それも、あくまで大町さんから出てきているものであって、本当にユーザーが必要としているかは定かではない。僕たちは、そんな状況を何の疑いもなくこなし続けてきた。

「確かに、十二所さんの言っている通りかもしれません。でも、だとしたら、どうしたらいいんですか？」

「ユーザーテストとインタビューを行なう。」

　即座の応答だった。すべて、十二所さんの中ではできあがっているのだろう。僕が何を言うのかもだいたい予測できているに違いない。ユーザーインタビューを行なう、まさしくそのバックログがプランニングの中でやり玉に挙げられている。僕は回想をやめて、目の前のミーティングに意識を戻した。沈黙を破る現実の声が聞こえたからだ。ゆっくりと口を開いたのは小坪くんだった。

「ユーザーインタビューなんて、やらなくても、僕たちはデータで把握できていま

すよ。」

　小坪くんは、ユーザーの登録数や、主要機能の利用がどのくらい発生しているかをチームで把握している、ということを言いたいのだろう。僕たちはスプリントを終えるときに、その数字をみんなで確認するようにしている。もう、何年も運用されているプロダクトだから、突然、極端に利用が落ちるということはほぼない。なので、数字を元に対応するバックログを積んでいくことも実はあまりない。だが、数字の動きを確認することで「このプロダクトの向こう側にユーザーがいる」ということは意識できている。

「十二所さんは、僕たちがユーザーのことを見ることなく開発をしている、と言いたいんでしょうけど、そんなことはありませんよ。確かに、今挙がっているバックログはユーザー向けの機能が少ないですけど、その分プロダクトとして安定しているということ……」

「ユーザーの何を見ているかだな。」

　小坪くんが言い終わるより早く十二所さんはかぶせてきた。さすがに小坪くんはむっとしたようだ（そりゃそうだ）。そのひどい言い方に誰かが言及する前に、十二所さんは続けた。

「このチームが追っている指標だけでは、ユーザーの"意図"が見えない。」

　意図？　聞き慣れない言葉に、僕に限らず誰もがピンとこなかった。最初からわかってもらえるとも思っていないのだろう、十二所さんは補足を始める（わかっているなら、言葉を換えたらいいのに）。

「どういうつもりで機能を利用しているのか。あるいは、どういうつもりで機能を利用していないのか。ユーザーが考えていること、こうしたいと思うこと、本当はこうしたいができない、やれない。そうしたユーザーの内側に起きていることをこのチームはどれだけ捉えられているんだ？」

　確かに、行動データだけ追っていっても、起きていることしかわからない。起きていないことを想像するのは難しいし、本当のところの理由を特定することは

| 020 | 第2章 | 最後に、ユーザーと対話したのはいつだった？

できない。僕たちは「**ユーザーが何をしているか**」は語ることができるが、「**何を していないのか**」については何一つ語ることができない。僕はちょっとした何か 硬いものが頭の上に落ちてきたような感覚を覚えた。

「しかも、一度理解すれば良いわけではない。ユーザー自身が変わっていく。**今で きていること、できていないことのうえで、次はどうしたいか**。その移り変わり を知るには、捉え続けようとしなければならない。」

　少しまた空気が変わった気がした。十二所さんの言い分に「確かに」という思 いをよぎらせた人は僕だけではなさそうだ。それでも、食い下がったのは小坪く んだった。

「だとしても、ユーザーの声を聞くなんて。いいんですか、そんなことして。開発 をしなくてもいいんですか？」

　小坪くんが少し混乱しているのはムリもなかった。開発もせずにユーザーの声 を聞きに行く。それは僕たちにとってとっぴな行為と言えた。このチームは開発 するために存在する。誰かに言われるまでもなく僕たちはそう自分たちで理解し ていた。小坪くんのとまどいがよくわかる。だから、十二所さん、これ以上冷た く言い放たないで！　なぜだか祈るような僕の思いはあっさりと踏み抜かれた。

「むしろ、何を元に開発をすると言うんだ。何も捉えないままで。」

　実際、頭の中だけでユーザーを想像してそれで終わらせてしまっていることは 多い。効率的な開発を目指せば目指すほどに、その状態に陥ってしまう。だから、 目の前でプロダクトを利用してもらって自分の目で捉える、実地でその声を聞く、 ということが必要なんだ。あとになって、十二所さんに教えてもらったことだ。 だけど、このときは誰もがまだ賛成できるわけではなかった。今度は大町さんが、 黙っているのが我慢できなくなったように早口を挟んだ。

「ユーザーの声を聞くって、そんなことはセールスの私がやるから、みんなはとっ とと開発を進めてよ。」

　開発チームが開発の手を緩める、という流れになっていることだけを察知した

大町さんからの牽制だった。正直、プロダクトづくりそのものについてはほとんど理解されていないようだが、開発のスピード感には相当敏感だった。僕たちが「このチームは開発するために存在する、以上終了」と思っているのも、大町さんからの日々の「とっとと開発せよ」というプレッシャーによって醸成されてきたところがあるに違いない。

「ねえ？　3か月前に言った、必要機能の開発がいまだ手つかずなのよ。みんながチーム開発だからって言うから細かいことをやいのやいの言ってこなかったけど、このまま思うようなプロダクトになっていかなかったら、先はないよ。」

　たまっていたものをようやく吐き出したという感じで大町さんが話すのは珍しいことだった。セールス担当として問題を抱えきれなくなってきているということなのだろう。

　先がない、というのはうすうすみんなも思っているところだった。とにかく利用ユーザー数は頭打ちだし、収益もまだ小さい。このプロダクトが本来受託開発を生業としているうちの会社で、この先何年も存続できるとは思えない。ところが、この大町さんの懇願めいた要請にも、十二所さんの顔色はまったく変わらなかった。

「"思うように"とは"誰にとっての思うように"なのか、だな。」

「まさか、ユーザーではなくて、セールスとしての思うように、ではないだろうな」——言葉には出さないが、明らかにそう言葉が続いているくらい僕でもわかる。大町さんが何か言い返すかと思ったが、言葉で言い負かされるのを回避しようとしたのか、口をつぐんでしまった。あえて言葉を交わさないことで、反論の余地をなくそうという魂胆なのかもしれない。

　このままではどうにもならなくなってしまう。おそらく、チームはいつも通りの開発に戻るだけだろうし、十二所さんは勝手にユーザーインタビューを進めるのだろう。その先にあるのは目に見えている。チームのさらなる分断だ。僕は賭けに出た。

「二階堂さん、チームメンバーの意見はだいたい出ていると思います。平行線をた

どるだけになりそうなので、二階堂さんに判断してもらったほうが良い気がします。」

　このチームは良くも悪くも最後はリーダーが決めてきた。うやむやにするくらいなら、二階堂さんに判断してもらったほうがまだ収まりがつく。それに、きっと二階堂さんなら僕が想像するほうを選択するはずだ。少しだけ考えるしぐさをはさんでから、二階堂さんは応じた。

「このスプリントでユーザーインタビューの準備を進めよう。」

　その場にいる誰もが二階堂さんの意外な判断に目を見張った（その判断を想像していた僕も含めて）。

　探索と検証とは何か

　ここで紹介するのは、ユーザーとの対話を再開するための方法です。ユーザーとのコミュニケーションとして、アンケートやユーザーインタビュー、あるいはユーザーテストといった手段が考えられますね。こうしてユーザーの状況や意図を探っていくことをより広い言葉として「**探索**」と呼びます。具体的な対話の方法を見ていく前に、まず「探索とは何か」について理解を合わせておきましょう。

　「探索」とは、自分たちが知らないこと、わかっていないことを知るための活動です。自分たちが手掛けるプロダクトの対象とはどんな状況にある人たちのことなのか。想定する課題は対象者にとってどのくらい切実な課題と言えるのか。探索によって対象者とその状況の理解が深まり、より仮説の確からしさや解像度を高めることができます。こうしたプロダクトづくりを進めていくうえで必要となる情報の獲得が「探索」の狙いです。一定の「探索」を繰り返し、磨いた仮説を具体的に何らかの手段（イメージやイラスト、プロトタイプなど）で表現できるようにし、その後の「**検証**」へとつないでいきます。

　「検証」とは自分たちが立てた仮説についてテストする活動です。机上の検討で

終えるのではなく、できる限り実際のイメージに近い形で具体的に試してもらうことで、仮説通りなのかを評価します。もちろん、いきなりプロダクトを作って試すことはしません。完璧なプロダクトをイチから作るということは最も時間とお金がかかる検証手段と言えます。試してもらうのは、1枚のイメージ図から始まり、動きが再現できるプロトタイプといった手段まで広範に及びます。「どんな解決状態をどうやって実現するのか」がわかるのであれば、その手段は問いません。

　ただし、検証を繰り返す中で得られる「学び」でもって検証手段・方法自体を磨いていき、徐々にそのリアリティを高めていくようにします（**図2-1**）。最後には、実際のプロダクトそのものにたどり着きます。ただし、その場合でも最小限の範囲からプロダクトづくりを始めます。

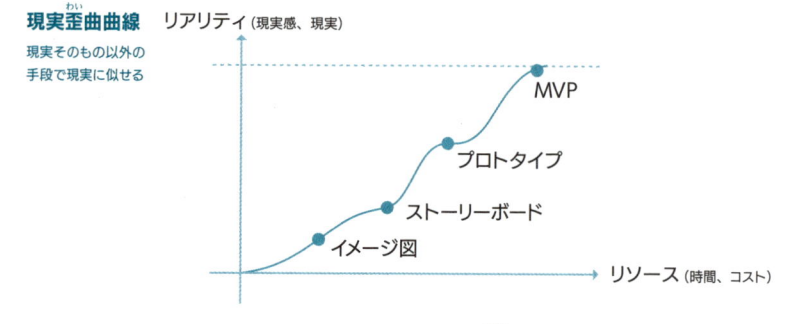

図2-1 プロダクトづくりの現実歪曲曲線

　ここまで「**仮説**」というキーワードが繰り返し出てきました。プロダクトづくりにおいて仮説はあらゆる活動の軸となり、かなめとなる概念です。「仮説」には分類があります。特に、手掛けるプロダクトが対象者にとって価値あるものなのか確かめるために、「3つの仮説」について定め、その整合性をとっていく必要があります（**図2-2**）。もちろん、この3つの仮説のFit（整合性）を一度に確かめるのにはムリがあり、段階的にFitの状態を見いだしていくことになります。

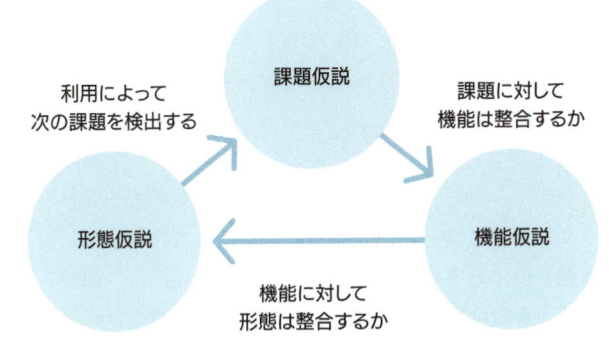

図2-2 3つの仮説（課題仮説、機能開発、形態仮説）

　あらためて「探索」とは、仮説を立てるために情報を得る活動であり、「検証」でその仮説が実際にFitしているのかを確かめるという対応関係になります。基本的には「探索」から「検証」の流れを取りますが、「検証」の結果、新たな仮説の候補を発見し、その探索を始めるなど探索と検証は反復する関係にもあります。

探索と検証の具体的な方法

　探索と検証の具体的な方法は、プロダクトづくりのシチュエーションによって異なります（**図2-3**）。

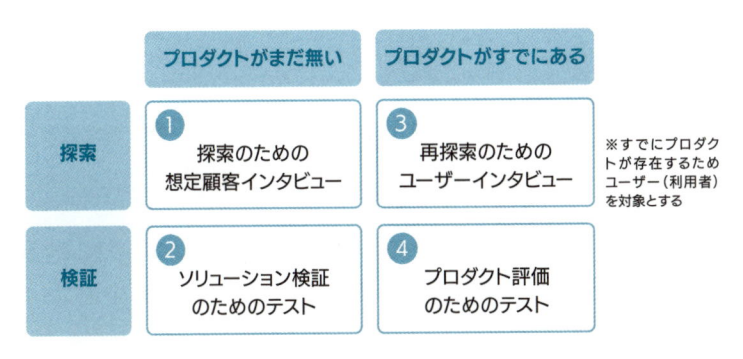

図2-3 状況による探索と検証の具体的な方法（4象限）

　❶の「**探索のための想定顧客インタビュー**」では、"顧客"と想定している相手を対象とした探索になります。対象者の置かれている「状況」を詳しく聞き出すことで、その状況に基づいた「課題」仮説の立案を主眼にします。初期段階では、

「対象者」も「課題」も固定的に決めることが難しく、実際には対象者と課題の特定を行なうまでは両者の間を行きつ戻りつすることになるでしょう。さらに、こうした探索の結果を踏まえ、捉えた課題を解決するための手段として「機能」仮説の想定まで立てておきます。

この探索に対して、❷の「**ソリューション検証のためのテスト**」で行なうことは、仮説を立てた課題と機能が整合するか（つまり課題解決が可能かどうか）の確認です。課題と機能の整合が取れれば、その次の段階は、機能と「形態」の整合を見ます。解決手段は用意されているけれども、対象者がそれを「認識できない、使いこなせない」ようでは、当然ながら課題解決はできません。検証手段をよりリアリティのある手段・方法へと近づけていくのは、機能の有効性だけではなく、形態としての不備、不足がないかを確かめるためです。

さて、これらの❶❷の象限（プロダクトがまだ存在しない段階）の詳細については第2部で扱います。ここまでのストーリーで示されている通り、二階堂チームにはすでに現実のプロダクトが存在しています。状況的には4象限の右側（プロダクトがすでに存在する段階）のほうに該当するわけです。この章ではプロダクトがすでに存在する状況における探索と検証について扱います。

この状況の違いが大きく影響するのは、探索と検証の順番です。プロダクトがすでに存在する場合は、探索からではなく象限で言う❹の「**プロダクト評価のためのテスト**」から着手します。何よりもまず、プロダクトづくりの前に立てていた3つの仮説（課題、機能、形態）が成立しているのかを実地で確かめなければなりません。これらの仮説の整合を現実のユーザーを対象に実際のプロダクトで確認しないままでは仮説検証自体が終わっていないのと同じです。

点検したい観点は、「現状のプロダクトでユーザーが想定通りの利用ができているのか」です。つまり、（1）形態自体に問題がないか、（2）形態を通じて機能が有効に使いこなせているか、そしてそれによって（3）課題解決ができているか、を確かめるわけです。利用者起点で現実のプロダクトを用いて検証するため、仮説を立てたときとは逆に見ていくことになります。

・プロダクトが存在しない段階：課題→機能→形態 の順に確かめる
・プロダクトが存在する段階　：形態→機能→課題 の順に確かめる

この点検の意図にあるのは、「**プロダクト化している範囲で、まだわかっていないことを見つける**」ことです。「**プロダクト化している範囲**」、つまり機能として実現している範囲の中で、「**わかっていないこと＝利用上の問題や障壁**」を見つけるためにテストするのです。そうした問題や障壁を丁寧に解消していくことで、想定する利用が可能となるようにするのが、このテストの役割です。

　一方、❸の「**再探索のためのユーザーインタビュー**」とは、「**プロダクト化していない範囲で、わかっていないことを知る**」ための探索にあたります（**図2-4**）。

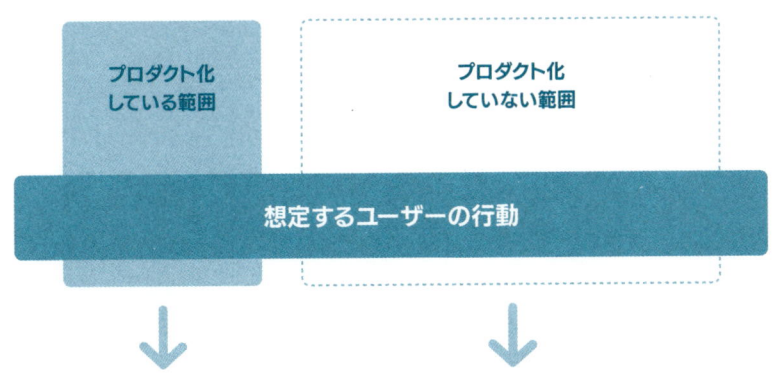

図2-4 プロダクト化していない範囲で、わかっていないことを知る

　プロダクトとしてまだ対象範囲としていないユーザーの行動や状況を捉えていくことで、新たな課題、機能の仮説を立てられるようにするということです。4象限の左側と異なり、すでにユーザーがついているわけですから、誰を相手に探索するかの「対象者」は明確です。

　目の前のユーザーについて、次に解決すると値打ちがある課題とは何か。すでにプロダクトが存在しているからこそ、まだ実現していない範囲でユーザーが何をしているのか、そこで感じている不満・不足・不十分さが際立ってくるところがあります（「もっとこうできないのか」という利用を踏まえての声）。プロダクト提供によって得られた状況を元にすることで、ユーザーは新たな期待を口にすることができるのです。何もないところからユーザーの課題を捉えるよりは、手

がかりが得やすいとも言えるでしょう。

そもそもの仮説を立て直す必要性

　ストーリーでは、❹の検証を「ユーザーテスト」と称し、同時に❸の再探索のための「ユーザーインタビュー」を行なうこととしています。しばらく運用が経過しているプロダクトであれば、あらためてユーザーテストと再探索のユーザーインタビューを同時に行なうことで効率的にユーザーに関する新たな発見を得ていくのも良いでしょう。

　一点、留意しておきたいことがあります。プロダクトがすでに存在しているということは本来そもそもの仮説が立っているはずです。ところが、3つの仮説（課題、機能、形態）について言語化できておらず、実は明確になっていないということも珍しくありません。そのような場合は、**いきなり再探索や検証から始めるのではなく、仮説を立て直すことから始めましょう。**そうでなければ、得られる結果の本質的な評価ができません。ユーザーがただ機能を使えているかどうかの表層的な情報にしかなりえず、目先の問題解決に終始してしまいかねません。検証と再探索、それぞれについて仮説を立て直す方法を備えておきましょう。

1 「プロダクト化している範囲で、まだわかっていないことを見つける」ための仮説立案

　ユーザーがどのような場面で、どんな行動を取るか、またそのために必要とする機能性のマッピングを行ないます。プロダクトの利用状況から、特に重要な行動については現状の利用状況も定量的に示しておきます（**図2-5**）。

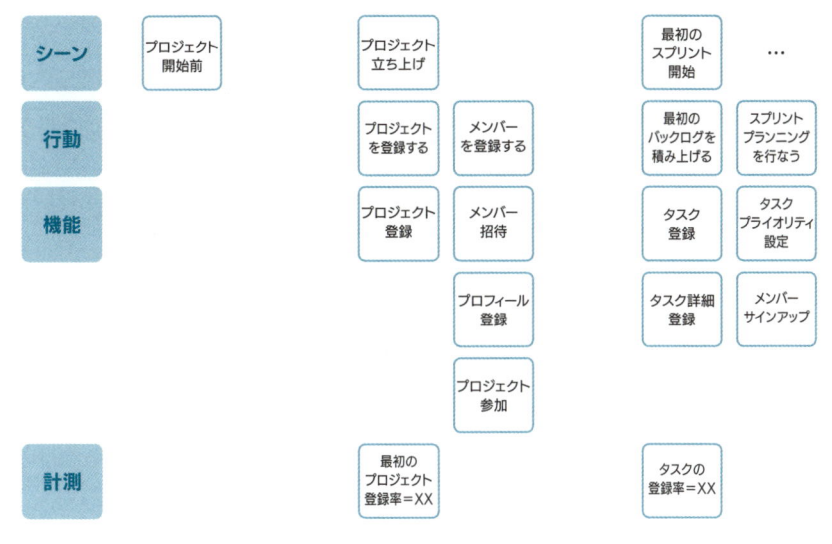

図2-5 ユーザー行動フロー（プロダクト化している範囲が対象）

たとえば、プロジェクト管理ツールであれば、最初のタスク登録であるとか、その後のタスクのアップデート、完了となる段階など、確かにツールが利用されていると判断できる状態変化を追っていきたいはずです。各状態について、どのくらいのユーザーが到達できているか、その利用状況をユーザーの行動データから割り出し、どこで利用上のボトルネックが起きているかを確かめるようにします。特に検証対象としたい箇所が特定できたら、実際にユーザーテストで何が起きているか目の前で確かめる、という流れです。

2 「プロダクト化していない範囲で、わかっていないことを知る」ための仮説立案

こちらもユーザーの行動フローベースで、プロダクトが現状実現できていることを可視化するのは前提となります。特に、プロダクトで実現していない、ユーザーの行動についても漏らさず挙げるようにします（**図2-6**）。

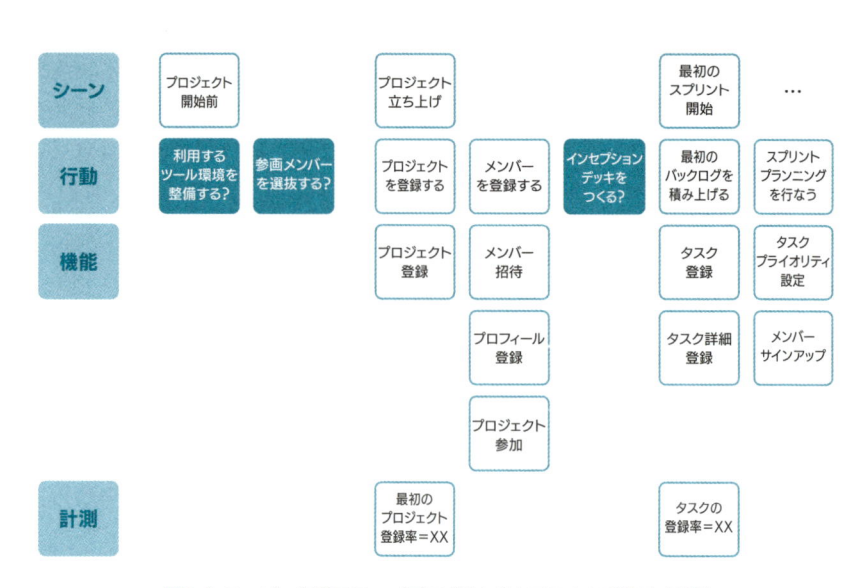

図2-6 ユーザー行動フロー（プロダクト化していない範囲も対象）

　この際、ユーザーが何をしているか判然としないところも出てくるはずです。当然、行動上の課題もわからないことが多いでしょう。想定できる課題仮説は挙げておくとして、そうでない場合は空けておくようにします。そうしたマッピング上で不自然に空いたところを埋めに行くのが、再探索の狙いになります。わかっていない行動や状況に関して、インタビューを通じてユーザー自身に語ってもらいましょう。

解説 ＞ STORY

STORY ユーザーインタビュー、ユーザーテストの結果に驚く

　二階堂さんのジャッジによってユーザーインタビューを行なうことになったものの、僕にはもちろん、チームにもその知見があるわけではない。この段取り自体も十二所さんが中心となって行なった。僕たちは現状のプロダクトについてユーザー行動の可視化も行なったことがないので、そこからの整理になる。

　予想以上に準備タスクが多く、実際にインタビューに着手できたのは、2スプ

リント（1か月）も先になってしまった。僕たちはこの活動に思いのほか時間がかかっていることに多少の焦りを感じたが、当の十二所さんは十分想定していたのだろう、淡々とこなし続けていた。

ユーザーを集めるところだけは、もともと構築していたアンケートの配布と回収の仕組みを利用することができた。対象者は10名。十二所さんいわく、「ユーザーテストに関しては5名程度でもかまわないという説もあるが、今回はプロダクト化していない範囲の課題探索も行なうのでもう少し声を集める必要がある」ということだった。

実施にあたっては、ユーザーの皆さんに僕たちのオフィスに来社していただくという選択肢もあったが、今回は一般的に利用されている Web 会議サービスで行なうことにした。会場の設営やその場の管理についての、僕たちの慣れてなさを踏まえると Web 会議で行なったほうが負担が減りそうだったからだ。実際に使ってもらっているところを画面共有で観察し、そのうえでこちらが用意した質問を行なうというユーザーテストとインタビューのハイブリッドな検証を選択した。

インタビュアー（質問する人）は、経験があるということで既定路線的に十二所さんが務め、チームメンバーはその模様を参加者として見学する。そこでまず驚いたのは、十二所さんが話す雰囲気だった。普段では見たこともないような丁寧な受け答えをごく自然に行なっていた。現実のユーザーを相手にするのだから当然と言えば当然なのだけど、これまでの十二所さんに向き合ってきた僕たちからしたらまったく想像がつかないことだ。

「ちょっと、驚きだったね。」

インタビューをひとしきり終えて、僕にそうやって声をかけてきたのは小坪くんだった。最初、十二所さんの様変わりのことを言っているのかと思ったけど、そうではなかった。小坪くんは、機能を利用するユーザーのぎこちなさを目の当たりにして、少なからずショックを受けたようだった。

たとえばタスクをボード上で移動するにしても、うまくタスクが選べなかったり、移動させたい場所にすぐに置けなかったりと、開発者が操作するのとはわけが違った。小坪くんにとって、想定が相当違ったようだった（もちろん僕もそう

なんだけど）。

「あんな感じだったら、そりゃ細かい機能なんて使わないよね。」

　小坪くんが言ったのは、タスク管理上のいくつかの機能のことだった。カテゴリやタグで絞って表示したり、並び替えといった機能があまり使われていないのは利用データ上わかっていたことだったけど、その理由が一目でわかった。

　もちろん、ユーザーテストから作り手の思い込み、思い違いがあったことに気づいたのは、僕たちだけではなくチーム全員だった。いつも余裕をただよわせる二階堂さんも、今回の結果を受け止めて言葉が少なくなっていた。

　加えて、プロダクト化していない範囲での課題も続々と見えたのも大きな収穫だった。ユーザーによっては複数のプロジェクトを抱えており、タスク管理を行なううえでプロジェクトの切り替えを行なわなければならない。思ったよりも、兼務が多いらしく、かなりの頻度での切り替えが発生する。むしろ、プロジェクト単位でタスクを見るというよりは、自分が関わっている対象という軸でタスクを俯瞰できたほうが使い勝手が良さそうだ。そんな状況や課題なんて、想像もしていなかった。これらの発見は、プロダクトとしての価値自体を高める観点になりそうだ。

　最初は疑念しかなかったユーザーテストとインタビューだったが、終わってみれば収穫は多く、チームで話すことの中心は、結果わかったこと、これからどうするか、ということに変わっていった。思った以上にわかったことが増えて、チーム内の会話自体が活発になった気がした。たぶん、こうなることを予測していたのは十二所さんだけではない。二階堂さんもだ。そう思ったからこそ、実施を判断したのだと思う。

　あのとき、二階堂さんが本当に実施を選ぶという確信は僕にもなかった。でも、この会社でエースと言われるほどの人で、合理的な判断を常とする二階堂さんなら、きっと「探索」を選択するはずだった。そのくらい十二所さんの言い分は筋が通っていた。もし、それでも実施が選択されなかったら、僕が一人でも十二所さんを手伝えばいいやと決めていたところがある。

ただ、1つだけわかっていないことがある。準備から実施、その後の分析まで一人でチームを引っ張りさすがに疲れた様子の十二所さんを捕まえ、意を決してそのことを聞いた。

「このチームには3つの眠れない問題があると言ってましたけど、なんで、このユーザーコミュニケーションから始めようと思ったのですか？」

　僕の質問に明らかに面倒くさそうに、十二所さんは答えた。

「簡単にチームもプロダクトも変えることはできない。その理由は今までやったことがないとか、今やっていることをわざわざ変えたくない、とかそんな気分に基づくところだ。」

　確かにそうだ。結局、僕たちは慣れないことを暗に避けようとしていただけだったんだ。ユーザーテストやインタビューだって、その方法自体をまったく知らないわけではない。情報はどこにでもある。でも、それを本当に活用するかは、自分たち次第でしかない。

「自分たち自身では変われないなら、チームの外から力を借りる。もっともチームを揺さぶるのはマネージャーでもリーダーでもない。」

　十二所さんはそう続けて、僕の顔をのぞき込むようにして言った。

「ユーザーだ。」

第3章

僕らはそもそもチームに
なっているのか?

ファイブフィンガー3問題に目を向ける

「笹目くん、他にも Problem あるんじゃないの?」

　二階堂さんから放たれた矢のような指摘に、僕はびくりと体をふるわせた。いつものふりかえりでの、いつもの一幕だ。いつものことながら慣れることはない。相変わらず、僕のチームへの貢献は低い。今回のスプリントも、アサインされていたバックログをやりきることができなかった。なぜ、できなかったのか?　そここそふりかえるべきと、二階堂さんは暗に言っているのだ。

「えっと、そうですね。いつも、最初はいいのですが、もっとこうしたほうが良いかな、とか思い始めて、進めていくうちにだんだんどこまで考えに入れたら良いかわからなくなって。気がついたら残りの日数が足りなくなっていて……」

「そのための Try が、わからなくなってきたら他の人を頼る、でしたよね。」

　そう、前回のふりかえりでもこんなことを言っていたのだ。滑川さんはちょっと面倒そうに僕をさえぎって、先回りした。ここから滑川さんによる「なぜ」「なぜ」が始まる。なぜ、Try で決めたことができなかったのか。なぜ、同じことを繰り返すのか。今日もひとしきりのなぜなぜ問答をたどっていく。必要なことな

のだろうけど、僕にとってはつらい時間だ。

　この間、チームの他のみんなは、僕と滑川さんのやりとりが終わるのをただ待っているだけ。だいたい手元で内職が始まる。僕はちらりと十二所さんのほうを見たが、十二所さんに至っては、ふりかえりの最初から自分の手元に視線を落としっぱなしだった。

「……もうこれ以上問うのはやめます。チームの時間がもったいない。次のアジェンダにいきましょう。」

　そう言って、滑川さんは**ファイブフィンガー**をみんなに促した。このスプリントを終えてどうだったか。チームの出した結果や、個々人のそれぞれのやった感に基づいて、5点満点の評価を行なう。「5」が最高の点数、逆にまったくダメならば「1」、まあよしとするなら「3」という具合。それぞれが点数を決めて、タイミングを合わせて一斉に表明する[1]。

「3、3、3、3、私も3。」

　滑川さんはみんなの出した点数を読み上げていく。僕は1か2で迷い、出すのが遅れた。この点数でも足を引っ張るわけにはいかない、3を出した。

「2.5……2寄りの3です。前よりは悩む時間が少なかったので3にしました。」

「ま、そうですね。いいんじゃないでしょうか。」

　僕の自己評点自体への評点をつけるようだった。滑川さんはまんざらでもない感じで点数を受け入れた。

「チーム全体として、2でもない、4でもない。3を続けられていることこそ、チームとしての安定が保たれている証拠です。むしろ、3で維持していることのほうが難しい。ムラがないということですから。チームとしての力量は高まり続けていると言えますね。」

※1　　出した指の数で点数を示すので、ファイブフィンガーと呼びます。

ほめられて怒り出すような人はあまりいない。滑川さんのチーム評に、みんなもまんざらでもない様子だった。自分たちはやることをやっている、イケているチームだ。僕は、そのチームの足を一人だけ引っ張るお荷物の存在。

でも、そのこと自体に僕も慣れた。こうして、ファイブフィンガーでも足を引っ張らないことがせめてもの貢献なのだ。僕が下手に「1」とか「2」を出せばチーム全体として「3」を割ってしまう。チームの連続「3」記録が途絶えてしまうし、なぜ「3」を割っているのかと余計な議論が始まってしまうのだ。

今回のふりかえりも無事に終えられそうだ。僕を含めて、みんな手元を片づけ始める。

「こんなふりかえりを、何十回と繰り返したとしても、次にはつながらない。」

突然の発言に、みんなの動きが止まった。十二所さんだ。本当に、この人の声はよく通る。僕らはまず息を飲み、いつものごとく静まりかえって十二所さんの次の言葉を待つ。だが、その後を継いだのは、十二所さんではなく滑川さんだった。

「また、十二所さんか。いったい、何が気に入らなくて、いつもいつも私たちの気持ちをそうやってくじくんですか。みんなでやると決めていることに参加もしないし、はっきり言ってめちゃくちゃですよ。」

そう、十二所さんからふりかえりの言葉も、ファイブフィンガーも出てきていない。そのこと自体が異常だけども、滑川さんはもはやそういう態度の十二所さんにかまわなくなっている。

「こないだも言いましたけど、このチームは私がスクラムマスターに入ってから、カイゼンをし続けています。その繰り返しがあったからこそ、今の安定感が出てきているんです。」

確かに、今日もいくつかのTryが挙がっている。「ミーティングアジェンダの時間を守ろう」「ファシリテートが特定の人に偏らないようにみんなで回そう」「レビューの依頼が滞ったままにならないよう1日たっても動きがない場合は自分から声をかけよう」。これらの細かい内容はProblemに対するものではなく、もうち

ょっとこうしたら良くなりそうだ、という観点でみんなで挙げたものだった。つまり、目立った Problem はもうなくて、カイゼンのためにあえて Try（やるべきこと）だけを挙げている。

「このチームは、**"ファイブフィンガー3問題"** を抱えている。」

「ファイブフィンガー3問題？　そんなの聞いたことありませんよ！　ファイブフィンガー3のどこが悪いですか？」

「ファイブフィンガー3が続くということは、安定しているんじゃない、むしろ何の成長もしていないということだ。スプリントを続けていれば、だんだんとチームは仕事に慣れ、リズムもでき始める。逆に、慣れない領域やいつもよりハードルが高くなると、すぐにギャップが見えることになる。」

　そうか、「3」を維持しているんじゃない。「3」で止まってしまっているんだ。チームとしての挑戦が何かあるなら、誰かのところで「1」や「2」が1つ2つあってもおかしくない。みんな判を押したように「3」しかないことのほうが「異常」と見る視点もあるんだ。

「3が続いているということは、このチームにとっては前回のスプリントと今回のスプリントも違いがなく、それは次のスプリントとの間でも同じ。どう考えてもチームとしてコンフォートゾーン（居心地の良い状況）にとどまっている。」

　だんだんみんなの中に不安やいらだちに似た「もやもや」が生まれている気がした。少なくとも僕はそうだ。今まで、僕たちは安定していて、イケているチームだと思い込んでいた。でも、ちょっと見方を変えるだけで、単に停滞しているチームでしかなくなる。今まで、滑川さんに言われてきたことは何だったのか。

　二階堂さんは「確かに」とつぶやくように言って、十二所さんに答えを知りたいという期待の言葉を投げかけた。

「十二所さん、私たちには何が足りていないんですかね？」

「こちらから問いたいのだが、**このチームがどこに向かうのか、その方角を最後に**

　方角？　ゴールのことだろうか？　チームとしてのゴールならKPIがある。登録ユーザー数、アクティブなユーザー数をスプリントごとに確認するようにしている。目標とする数値との乖離（かいり）を追いかけていくことがこのチームのすべてと言っていい。同じことを滑川さんも思ったらしい、ため込んでいるものを一気に吐き出した。

「このチームのゴールなんてわかりきっている。このプロダクトのKPIを達成していくことですよ！」

「KPI自体はゴールではない。ゴールにどうすればたどり着けるか、その切り口を定量的に表現したものがKPIにあたる。**KPIをゴールにしている時点で、このチームには目指すものがない。**」

　あとになって、十二所さんが次のことを教えてくれた。目指すもの、つまりゴールに向けてどのくらい進んでいるかを把握するための指標値がKGIにあたる（**図3-1**）。そして、ゴールの実現に向けて重要な要因となるものをKSF（重要成功要因）と呼ぶ。KPIはそのKSFに対する目標値なのだと言う。

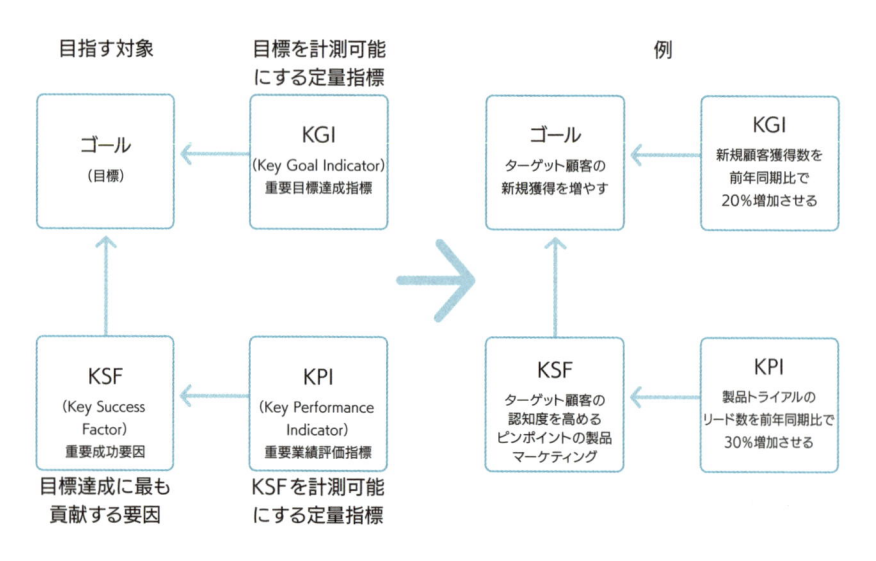

図3-1 ゴールとKGI、KSFとKPI

だから、KPI自体を目指すべきものに置いてしまうとわけがわからなくなってしまう。僕らはその状態に何の疑問も持っていなかった。

「誰がこのチームの方角を決めるんでしょうか？　リーダーやマネージャーでしょうか？」

　小坪くんが疑問を投げかけた。いつもなら、滑川さんと一緒になって十二所さんに対抗している小坪くんだったが今日はここまで黙り込んでいた。ユーザーテスト、インタビューの一件以来、小坪くんの十二所さんへの態度は変わっている。突っ込みを入れて困らせてやろうという感じではなく、純粋に理解したい、そんな思いが見て取れる。

「方角を決めるのは、もちろんチーム自身だ。誰かが一方的に決めるものではない。自分たちがなぜここにいるのか、に対する回答だからな。気をつけておきたいのは、心意気とかざっくりとした思いとか、そういうものでもない。**方角というからにはどこに踏み出せば良いかがわかる、つまり具体的な行動が思いつくものであってほしい。**」

　この会社で一番イケているチームでありたいとか、ユーザーをハッピーにするプロダクトにするとか、そういうものではないのだろう。そうした思いを別で確認し合うにしても、ここで言う方角とは、もっと行動と結びつく粒度感なのだろう。

「そして、踏み出してみて、起きることを逃さず捉える。その結果から、何が学べるか、チームで向き合う。その学びから、次の判断や行動を変えていく。チームはこの動きを繰り返すことで、たどり着きたいところに至る。だから、方角は一度決めて終わりではない。むしろ、確かめ続けることになる。本当にこの方角で良いのか、と。」

　確かにプロダクトづくりは延々と果てしなく続く。だけど、それはただ同じことを繰り返していくことではないんだ。進めば、何かわかることが出てくる。あるいは時がたてば、状況自体も変わっていく。プロダクト立ち上げの最初の想定から変わっているかもしれない、ということに気づいたのもこの前ユーザーテストを行なったからだ。そうしたユーザーの期待に応えていくためには、チームとしてどこを目指すのか、その理解が合っていることが前提になるのだろう。

「で、このチームで捉えている方角はどこを向いている？」

もちろん、誰も十二所さんの問いに答えることはできなかった。

―――― STORY 📝 > 👤 解説

👤 解説　チームの変化を捉えるための「ふりかえり」

　チームの向かう方角を確かめる、そのためのプラクティスが「**ふりかえり**」と「**むきなおり**」です（**図3-2**）。どちらも、様々な説明の仕方が成り立つプラクティスですが、ここでは特に「**チームに起きていることを捉える**」こと、そして、そのうえで「**チームの判断や行動を変えていくための機会**」であることを強調しておきます。逆に言うと「ふりかえり」「むきなおり」が行なわれないままでは、チームに何が起きているのかもわからない状態が続くことになります。その状態で次のアクションを取ろうとしたところで有効な手になりにくいのは明白です。「ふりかえり」と「むきなおり」は観点は異なりますが、どちらも「チームにとって必要な変化を捉える」ことが狙いです。

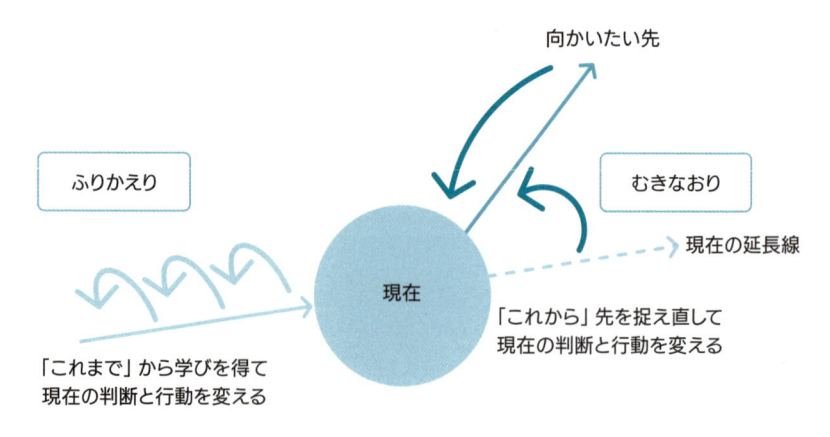

図3-2 ふりかえりとむきなおり

　ふりかえりのやり方自体には、様々なパターン、バリエーションが存在します。共通するのは行為・行動とその結果、この両者を捉えることで、「気づき」や「学び」を得るということです。

たとえば有名な**KPT**は、チームの取り組みを思い起こし、Keep（継続したい工夫や習慣）やProblem（問題）を捉え、Try（次に取るべき行動）を判断していく手法です。また、**タイムラインふりかえり**は、チームの取り組みや起きたことを時系列で思い出しながら可視化していき、どこで何があったか、それから何が言えるのか、を挙げていく手法です。

　いずれの手法であっても、時系列的に過去を扱うところに共通性があります。過去を棚卸しして、次に向けた手がかりを得る。具体的にはチーム活動の「改善」が、ふりかえりに期待されるところになります。

　一方で、このストーリーでより強調したいのは目の前にある「改善」だけではなく、チームに何が起きているのか、「変化」を捉えることです。チームがどのように変わってきているのか意図的に捉える機会をつくらなければ、日々の営みは目の前のことだけでいっぱいになってしまうことでしょう。チームの変化を捉えるための「ふりかえり」として5つの要点を示します。

① 場における「瞬発的な状態」を即座に捉える（ファイブフィンガー）

　チームの今の状態を即座に捉えるためのプラクティスが「ファイブフィンガー」です。ストーリーで示した通り、お題を決めて、みんなでその度合いを一斉に表明します。チームに何が起きているかを捉えるのに、この1週間でも、昨日のことでもなく、「今ここ」として表明する。思いのほか、表面化していないチームメンバーの考えや思いがあることに少なからず驚きが得られるかもしれません。その驚きこそがチームに変化を取り入れていく手がかりになるでしょう。

②「行動」と「結果」、その「解釈」でふりかえる

　先に述べたKPTは「やったこと」が各自の中で暗黙的になっており、その結果の**解釈**から表出が始まります。Keep、Problemとは結果としてどう評価できるかを言語化したものです。ということは、その対象にあるはずの「**行動**」と「**結果**」自体を可視化しチーム内で共有することで、別の気づきを見いだせる可能性が出てきます。ある「行動」を取った本人には見いだせなかった気づきが他者の視点を介して得られる可能性があるということです。

・何をして、その結果どうなったか
・その行動と結果の関係から何がわかるのか

これらをふりかえりの観点として取り入れましょう。

③ 行動と結果だけではなく、「感情」も手がかりにする

　チームに起きている変化、あるいは必要な変化を捉えるには、それぞれの「感情」にも目を向けたいところです。「感情」とは、チームの状態を最も素直に指し示すインジケーター（表示器）と言えます。行動と結果の事実だけを見ていても、チームにとってマイナスに働く要因を見逃してしまう可能性があります。

　たとえば、チームとしてのルールを定めたとします。どれだけやるべきこととして正論があったとしても、きっちりとルール通りに動いていくことがだんだんと負荷になっていくことは往々にしてあります。でも、ルールはルールだから声としてはあげにくいのも事実です。どこかで歪みが大きくなってしまう前に、チームの声を引き出すためのきっかけ作りとして、先に示した「ファイブフィンガー」を活用するのも良いでしょう（「今の状態に対して何かしらのもやもやがあるか？」）。なお、チームに対してプラスに働く要因も同様です。こちらはできるだけ継続したり、再現したい対象になりますね。

④ ふりかえり自体をふりかえる

　いつも通りふりかえりを実施したあとに、その結果をあらためて眺め直してみましょう。何か全体に偏りや特徴はないでしょうか。たとえば、「Problem にコミュニケーション上の問題がいくつも挙げられて集中している」、あるいは「ふりかえりの結果そのものが少ない」といった全体感です。

　個別の事象だけとしてふりかえり結果を扱うのではなく、全体として捉えたときにチームに起きている「何か」を捉えられる可能性があります。ふりかえりのアウトプットが少ないのは、問題がない証左でしょうか？　問題とは、本来のあるべき状態と現状との間のギャップです。つまり、あるべき状態に対する視座の高低によって、目の前の出来事が問題になったり、ならなかったりするということです。「問題がないことが問題」がありえるわけです。

⑤ ふりかえりの「差分」を取る

　ふりかえりの結果を残していきましょう。ある一定のタイミングで、ふりかえりの結果を時系列で眺め直してみる、ふりかえりとふりかえりの間の「差分」を取るように見ていくことで、気づきが得られることがあります。同じような Problem

が定期的に出てきているようであれば、何かしら問題の真因がチームの中で潜在化しているかもしれません。ストーリーで挙げられた「ファイブフィンガー3問題」も、傾向で捉える問題と言えます。日常をそつなくこなせるものの、それ以上の発展性がなくチームとして停滞してしまっている、といった状態を捉えるためには前後の比較が効果的です。

チームに変化を起こすための「むきなおり」

「ふりかえり」が「やったこと」「起きたこと」を軸とするならば、**むきなおり**」は「これから先のこと」「これから実現すること」を対象とするものです。チームが置く目指す先、どうなりたいか、どこにたどり着きたいか、という目標の捉え直しを行ないます。この捉え直しによって、「行くべき方角を変える」という変化をチームにもたらすことになります。

なぜ、わざわざ「むきなおり」が必要になるのでしょうか。1つは**日々の営みの中で時に見失ってしまう「目指す先」を思い起こすため**です。私たちは目の前のことに注力すればするほど、本来目指したいことを置き去りにしてしまいかねないところがあります。顧客にとって何が必要かを確かめるための検証用プロダクトだったにもかかわらず、作り進めていく中であれやこれやと機能性が要求されるようになり、気がつけば運用が可能な状態にまで仕上げる必要が出てきている。あるいは、試作、検証という言葉はどこかで消えて本番同様の仕上げが必要となり、目的自体が置き換わってしまっている、ということも時間をかけていく中で起きえてしまうのです。

もう1つは、まさしく**進めていく中で方向性を変えるための機会を得るため**です。検証用プロダクトを作って顧客の必要性を確かめるというプロジェクトを始めたものの、初期段階に実施した顧客インタビューで想定していたニーズが弱いとわかる。もちろん、そのまま作り進めていくのではなく、何が必要なのかの仮説を再定義するために顧客インタビューに活動の重心を置くように判断する。あるいは、当初のもくろみが崩れたところでプロジェクト中断の判断をする。いずれもチームの方向性を大きく変えることです。避けるべきは、ダメだとわかっていながら、従前決めたことだからと、プロダクトづくりを始めてしまうことです。

むきなおりの流れを捉えておきましょう（**図3-3**）。

図3-3 むきなおりの流れ

　むきなおりの結果、「方向性（方角）を変える」と判断したならば、チームの現状取り組んでいること、具体的なタスクに大きな影響を与えることになるでしょう（方角自体を変えるわけですから）。一方、「従前の方向性のまま進める」と判断した場合でも、現状への影響はありえます。方向性は変えないものの、このままでは目指したい状態にはたどり着けない、あるいは期待する期間で目標を達成できない、といった評価となる場合、当然ながら何らかの手を打つことになります。いずれの場合も、チームの取り組みとして中身や優先度を変える必要が出てくるかもしれません。むきなおりとは、チームに「変化」を与えるきっかけにあたるのです。

　こうしたむきなおりの機会を定期的に得ましょう。この章の主題である「最後に、チーム全体としての"変化"を取り入れたのはいつか」に直接的に対応するのはむきなおりと言えます。いつだったか見失わないように、むきなおりの習慣をチームで作っていきましょう。

　むきなおりの間隔は、特に定まった基準があるわけではありませんが、ふりかえりと同じタイミングだとやや頻度が多く感じられるでしょう。方向性を変える（変えうる）という判断は大きな出来事です。そう頻繁に起こるものでもないはずです。たとえば、2回ふりかえりをしたら1回むきなおりする、あるいは月に1回は点検としてむきなおりをする。こうしたタイムボックス（一定の長さの時間枠）を置いてむきなおりの機会を逃さないようにしましょう。

インセプションデッキは機能しているか?

「チームの向いていく先を変える機会のことを"むきなおり"と言う。」

　十二所さんはそう言って、むきなおりについて語り始めた。

「むきなおりで捉えるものとしては3つある。ユーザーに対して、チームに対して。そしてプロダクトに対してだ。」

　ユーザー、チーム、プロダクト。この3つの観点は、十二所さんが最初に言い出した「眠れない問題」のことじゃないか。

「どんなプロダクトだとしてもそれを利用する人を置き去りにしていくことはできない。そして、チームがしゃんとしてないようではユーザーに向き合っていくこともままならない。3つ目のプロダクトは、ユーザーとチームの間にあって、"価値"を実現するための拠りどころにあたる。だから、この3つを抜いてチームの方角を決めるということはできない。」

　僕は、眠れない問題とチームの方向性が共通することを不思議に思った。だが、すぐに思い直した。この3つがチームの方向性を決める重要な切り口なのだとしたら、それが十分にできていない、向き合えていない状態はまさに「眠れないこと」と言えるのだろう。僕たちのチームは思っている以上に重症なのかもしれなかった。

「きっと事業の"収益"自体も目指すものにはならないのだろうなと想像するのですけど、それって考えなくて良い、ということではないですよね。」

　そう質問したのは小坪くんだった。そこは僕も聞きたかったところだ。

「ユーザー、チーム、プロダクト、この3つが関連し合うことによって結果が出る。ビジネス上の狙いごとは、最後は諸々の活動の結果として見ることになる。その最後の結果だけを念頭に持ってきて全体を組み立てようとするから歪になる。収益のためのユーザー、収益のためのチーム、収益のためのプロダクト。」

　なるほど、そう言われるととっても違和感があるように思えてくる。収益は見るけども、それを先に持ってきてしまうと視界が狭いというか、考える選択肢が限られていくような気がする。ユーザーも、チームも、プロダクトも、収益に絡まない観点は置き去りになってしまうだろう。

「物事には遅行指標と先行指標の2つがあるが、プロダクト開発という大きな解像度で捉えると、収益という遅行指標に対して先行するのは、ユーザー、チーム、プロダクトだ。」

　収益という結果にとらわれているチームであれば、「チームの雰囲気の悪さ」とか、「プロダクトの技術的負債」とかより先に、「結果につながりやすいユーザーとは？」という観点からむきなおりをしたほうが乗りやすい気がする。根底にある「結果（収益）への最適化」という方向性からいきなり大幅な変更を加えなくても済むからだ。十二所さんがなぜ「ユーザーの再探索」を先に置いたのかようやくわかってきた。

「ところが、どうしても私たちは収益に引っ張られてしまうところがある。気がつけば、判断と行動が収益のみに行き着いているということはある。だからこそ、今、この時点において、目指したいことは何なのか、を言語化し、確かめるようにするんだ。」

　目指したいこと……小坪くんがまたしても僕の代わりに疑問を投げかけてくれた。

「それはビジョンやミッションみたいなものですか？」

「ハイレベルな観点ではそういったものがあたる。だが、チームの活動として、抽象的な概念だけがあっても具体的な動きにはつながりにくいだろう。日々の営みをより直接的に決めていくのは、ユーザー、チーム、プロダクトという3つの観点になる。結果やその他の事象に視界を奪われすぎないように、これらの3つを踏まえてチームの方向性をわかるようにする。」

　そう言って、十二所さんは、またバックログに新たな言葉を積んだ。

「"インセプションデッキ"とはそのために作る。どこに向いていくのかで、迷子にならないようにするために。」

「インセプションデッキ？　もちろん作っていますよ。」

　即座に滑川さんが突っ込んだ。確かに、インセプションデッキはチームでだいぶ前に作った覚えがある。ただ、1回最初に作ったきりで、正直見返したことはない。十二所さんもとっくにそんな状態なのはわかっていたのだろう。こういうチームになっている時点で、インセプションデッキがないか、中身が浅いか、的外れかで機能していないことが想像できる。

　口には出さないけども、他のみんなもインセプションデッキを作り直す必要があるんだなということを何となく察しているようだった。しかし、肝心の二階堂さんはどんな反応を示すだろう。あの議論をするにはそれなりに時間もかかる。小坪くんも同じことを思ったのだろう、口火を切った。

「二階堂さん、インセプションデッキで良いのかは僕にもわからないですが、十二所さんの言う通り、方向性なんてものは僕たちにはろくにありません。一度、考えてみたほうが良さそうです。」

　小坪くんが二階堂さんに向けて意見を述べるのは、初めてのような気がした。二階堂さんも少し驚いたように小坪くんを見返した。ただ、二階堂さんとしても、おおよそどうするかは決めていたようだったと見え、小さくうなずき返した。

「わかった、インセプションデッキの見直しを行なおう。」

　おもむろに、二階堂さんは十二所さんを見て言った。

「十二所さん、何を気にして作ればいいか教えてくれるかい？」

　十二所さんは、相変わらず何の愛想もなく、ただうなずいてみせた。

さて、インセプションデッキについての解説を挟んでおきましょう。インセプションデッキとは、書籍『アジャイルサムライ』（ISBN：9784274068560）で紹介されているプラクティスです（**図3-4**）。チーム内や周辺における方向性と伴う制約、条件を見えるようにするための取り組みになります。インセプションデッキ自体の説明や工夫については、すでに多くの情報が存在しています。ここでは特に、インセプションデッキを作るうえでの留意点について説明を行ないます。

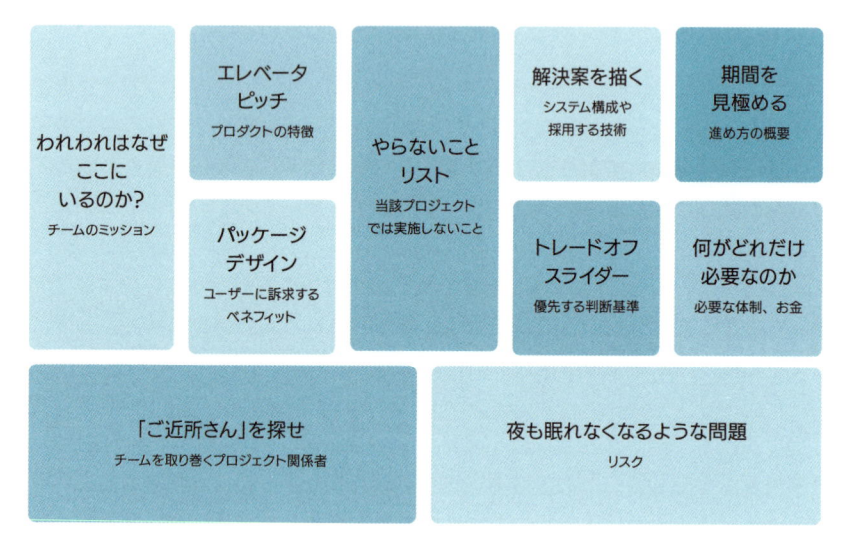

図3-4 インセプションデッキ

1 「われわれはなぜここにいるのか」をユーザー、チーム、プロダクトの視点で問う

まず第一に、「われわれはなぜここにいるのか」（われここ）です。ストーリーの通り、ここでユーザー、チーム、プロダクトの3つの観点を盛り込みましょう。それぞれについて実現したいこと、ミッションとして捉えることを挙げます。もちろん、必ず3つ揃えなければならないわけではありません。ユーザーを重視する時期もあれば、チームやプロダクトにフォーカスする段階もあるはずです。その時々の状況に応じて、何に焦点をあてるのか、選択と判断が伴います。

こうした焦点を定めるには、チームを取り巻く状況やチーム内の状態について把握し全体感を踏まえる必要があります（図3-5）。全体の状況がわかっているからこそ、何を選び、何をステイ（維持）しておくのか、判断の根拠が置けるのです。

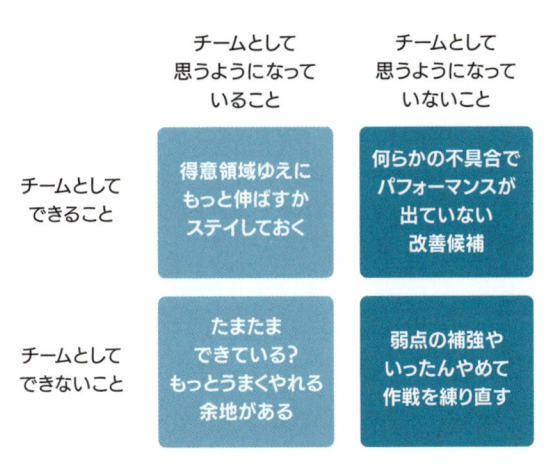

図3-5 チームの状態を把握するためのマトリックス

「われここ」の焦点が絞りきれない場合、その要因の1つには、そもそも「自分たちの状況、状態がわかっていない・把握が弱い」ということが挙げられます。

- **ユーザーの把握**：ユーザーテストやユーザーインタビューを実施し、状況を把握する。さらに、ユーザーに関する「仮説」の言語化を行なう[2]。場合によってはそもそもユーザーが誰なのか、その特定が弱く、あいまいになっていることがある。さらに、ユーザーのどんな課題を解決しようとしているのか、このあたりを詳しく語れる状態を維持する。

- **チームの把握**：チームの状態を相互に理解するために、先に挙げたファイブフィンガーやふりかえりを活用する。「チームとしてできること、できないこと」、また「チームとして思うようになっていること、思うようになっていないこと」、こうした観点からチームの実状に関する理解を全員で合わせておく。そのうえで何に注力するかを決める。

※2　「仮説キャンバス」を用います。仮説キャンバスについては第6章で解説します。

・**プロダクトの把握**：アイデアが実装されるまでのリードタイムやベロシティ、デプロイ頻度などプロダクトづくりに関する指標を用いて、プロダクト開発そのものの状態を理解できるようにする。また、プロダクトによって生み出している結果（収益性、KPI（遅行指標））についても目を向け、プロダクトづくりとの相関性を見る。

2 「われここ」を上位の目的と時間軸で構造化する

こうした状況把握を踏まえて、何を実現していくと良いのかをチームで話し合います。このとき方向性を決めるにあたっては、さらに2軸が必要になります。それは「より上位のミッション、目的」と、「時間軸」です。

ユーザー、チーム、プロダクトの観点よりさらに上位のビジョンやミッションといった根本的な狙いに対して、どのくらいで到達するのか。それを1年かけるのか、3か月で臨むのか。時間軸によって、目指したい到達点が変わるはずです。大いなる野望のため2年かけて実現する……といった粒度感は一番外側にある「われここ」としては置いていても良いでしょう。

ただ、ストーリーで語った通り、日々の営みの判断や行動の手がかりにするためには、「到達までの実現性が見える粒度感」にすること、そして、想像で突き進み続けるのではなく、「適応するための期間」を意図するようにしましょう。つまり、事前に決めたことをひたすらに走り続けようとするのではなく、取り組み進めた結果からその次の方向性をより適切に仕立てていく、という姿勢が「われここ」を考える際の要点です（**図3-6**）。

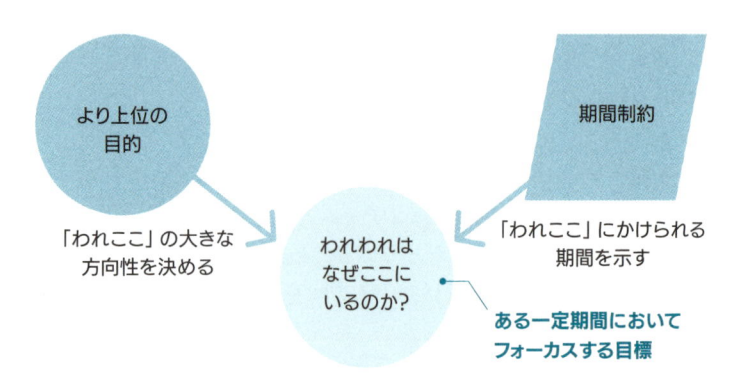

より上位の
目的

期間制約

「われここ」の大きな
方向性を決める

われわれは
なぜここに
いるのか？

「われここ」にかけられる
期間を示す

**ある一定期間において
フォーカスする目標**

図3-6 方向性を決める2つの軸

こうした現状把握と目指す先の関係を捉えるにあたっては、「**From-To（どこか らどこへいくのか）**」を意識しましょう（**図3-7**）。ストーリーのチームがそうだっ たように、取り組みを進めていく中で、何がわかっていないのかがわからなくな っていくことが何度もあります。ここでは、「チームの現状（From）がわからな いのか」「目指す先（To）がわからないのか」「目指す先と現在地点の差分（Gap） がわかっていないのか」、あるいはそのすべてがわかっていないのかいずれの状態 もありえます。

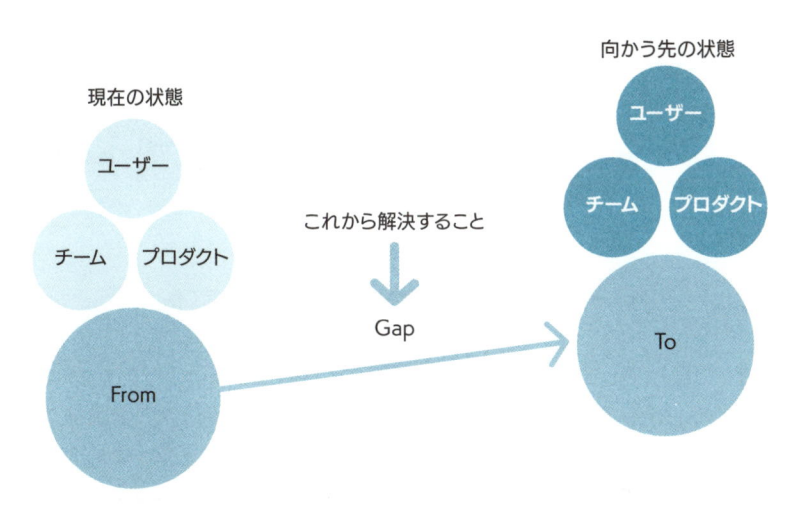

図3-7 From-To（どこからどこへいくのか）

この From-To をイメージし、チームメンバーが互いにわかるようにして、その From-To の Gap を解消していく算段をつける。算段として具体的に取り組むこと をバックログとして捉える。バックログにまで乗せることで、チーム活動の仕組 み（スクラム）の上に乗ることになりますよね。チーム活動において「Gap解消 の算段がついていない」「算段は立っているものの仕組みに乗っていない」という 状態では、やはり思うようにはなっていきません。

3 「期間を見極める」で進め方自体の仮説を立てる

インセプションデッキ作りを通じて、現状 From の把握を踏まえて目指す先 To を「われここ」として明確に掲げること。そのうえで、From-To のために必要な 算段を「期間を見極める」の1枚でわかるようにしておきましょう。これは、い わば**進め方自体の仮説**にあたります（**図3-8**）。

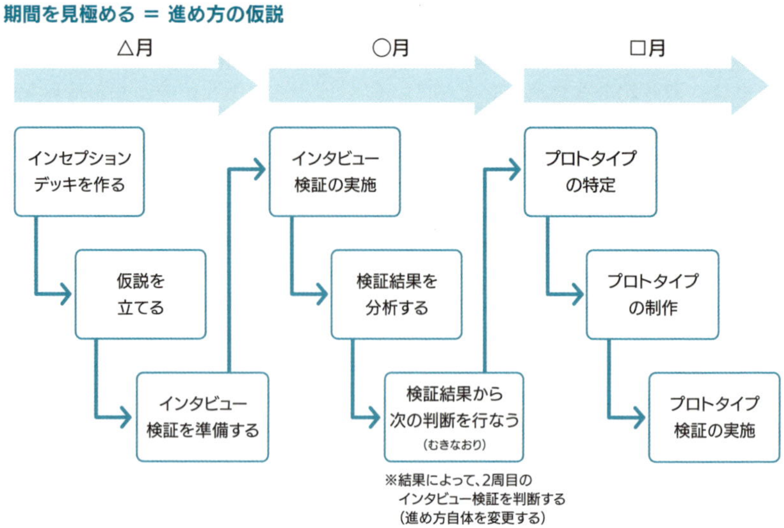

期間を見極める ＝ 進め方の仮説

△月　　　　　　　　○月　　　　　　　　□月

インセプション
デッキを作る

仮説を
立てる

インタビュー
検証を準備する

インタビュー
検証の実施

検証結果を
分析する

検証結果から
次の判断を行なう
（むきなおり）

※結果によって、2周目の
インタビュー検証を判断する
（進め方自体を変更する）

プロトタイプ
の特定

プロトタイプ
の制作

プロトタイプ
検証の実施

図3-8「期間を見極める」で進め方自体の仮説を立てる

　「期間を見極める」を単なるスケジュールとして見なさないようにしましょう。これは、FromからToを目指して向かっていく数か月についての、あくまで「**進め方**」を表現するものです。ゴール自体とそのゴールまでの道筋があらかじめ明確にできない場合は、進め方自体が仮説的になります。取り組み進める中で、適宜判断を加えて、進め方を変えていく必要があります。実際、日々の営みとして、適宜判断ができるようスプリントとバックログによる運営を行なっているわけです。数か月レベルでの**進め方が変わりうるのは当然想定されることです**。

　どうせ変わっていくならば、こうした「期間を見極める」は不要なのではないか、と思われるかもしれません。しかし、チームで取り組むにあたってその進め方を俯瞰する「見取り図」がなければ、意思の疎通が難しくなります。何のために何を優先してやろうとしているのか、これはタスクレベルの部分ごとに捉えようとしても見えてきません。**進め方の全体像があるからこそ、理解が合わせられるのです。**書き換え可能な「見取り図」をインセプションデッキ作りの中で合わせましょう[※3]。

※ 3　　進め方の可視化は、仮説検証の文脈でも重要になります。このテーマは第 5 章でも扱います。

4 少なくとも方向性に関するチームの対話をゼロにしない

　最後に、インセプションデッキを作ること自体にどのくらい時間をかけると良いかを補足しておきます。まともに作ろうとすると1日で終わらないこともざらにあります（一方で、1週間かけるというのは長すぎでしょう）。ここまで述べたようにインセプションデッキ作りで把握する内容はチーム活動の根幹にあたるものです。安易に時間を端折るべきではありません。ただ、どうしても時間がそこまではかけられない、インセプションデッキの考え方に慣れていないため、かなりオーバーヘッドが高くなってしまう（認識合わせに時間がかかってしまう）、という制約・事情があるならば「**ゴールデン・サークル**」で代替するのも1つの手段です。

　ゴールデン・サークルとは、WHY-HOW-WHATで、目指す先をイメージするシンプルな手法です（**図3-9**）[4]。WHYが「われここ」にあたり、HOWで取り組みの方針、WHATで方針に基づいた主要なやること、を捉えます（WHATに時間軸が伴うと「期間を見極める」に近づく）。インセプションデッキをすべて作るのが難しい場合でも、ゴールデン・サークルレベルはチーム内で合わせておきたいところです。少なくともこの手のチームの対話を「ゼロ」にしたままで進むのは避けましょう。

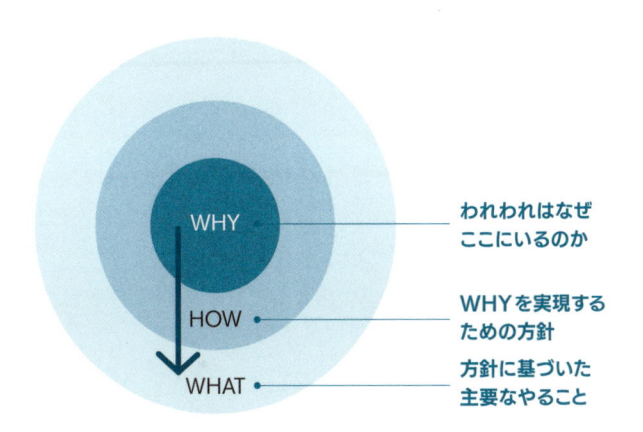

図3-9　ゴールデン・サークル

※4　サイモン・シネック氏により考案されたもの。

変化のきざし

インセプションデッキの見直しは、ほぼ作り直しのようなものだった。この機会にチームとしてのFromもきちんと捉えておこうと、ふりかえりをやり直すことになった。「ファイブフィンガー3問題」を抱えているので、これまでのふりかえり結果を見直すだけではチームの現状が見えてこない可能性が高い。次のふりかえりのファシリテートも十二所さんが務める。その次のふりかえりに向けて、僕は十二所さんから声をかけられた。

「ファイブフィンガーでは、本当の数を出したほうがいい。」

またもや直球を投げ込まれて、僕は返す言葉もなかった。やはりファイブフィンガーで忖度<small>そんたく</small>していることを見抜かれている。

「ふりかえりにしろ、むきなおりにしろ、根本にあるのは"見える化"だ。正しい情報が表に出てこなければ、いくらふりかえりだ、むきなおりだ、と言ったところで良くはなっていかない。」

十二所さんの言う通りだった。さすがに僕でもごく当たり前のことだと思う。わざわざ、わかりきったことを言うのは、ふりかえりを機能させなければ次に向かえないと十二所さんとしても考えているからだろう。

それ以上は何も言わず、黙って僕の目を見た。明らかに「本当の本数を出せ」と言っているのは明白だった。

次のふりかえりは、最初にそれぞれのファイブフィンガーを挙げることから始まった。いつもの通り、僕以外のメンバーが「3」を挙げていくのが横目にも映る。僕は意を決して、指を出した。

「笹目は、2か。」

十二所さんは、冷静に本数を読み上げた。

「小坪と一緒だ。」

　はっとして、小坪くんのほうを見る。確かに、彼も「2」だ。僕と小坪くんだけが「2」を出している。

「どう考えても、このチームはまだチームではないですよね。置き去りになっているメンバーがいるし。本当は"1"かなとさえ思ったんだけど。インセプションデッキを作り直すし、まだやり直せるかなと思って、1点乗せました。」

　そう言って小坪くんは僕のほうに、はにかみ笑いを送った。

「……置き去りですか。じゃあ、小坪さんがそのメンバーのサポートをするってことですよね。」

　不機嫌そうに滑川さんは言い放った。安定の「ファイブフィンガー3」が崩れてしまったことにいらだっているのだろう。小坪くんは、もちろんです、と言いかけて、十二所さんにさえぎられた。

「違うだろう。Problem を感じているメンバーにあらためてその中身を挙げてもらい、それをチームとしての Problem として扱う。誰が誰の面倒を見るとか、そういう話ではない。」

　思わぬ十二所さんの発言に、僕は反応できなかった。小坪くんだけではなく、二階堂さんをはじめ他のメンバーも、静かにうなずいて賛同している。みんなの反応を十分に待ってから、十二所さんは僕に語りかけた。

「それでは、2のワケを**みんなで**聞いていこうか。」

第4章

進捗マネジメントではなく、プロダクトマネジメントを始める

STORY

リーダー、スクラムをやめるってよ

「スクラムをやめて、来週から機能ごとの進捗を見ていくようにしたいと思う。」

　僕は自分の耳を疑った。スクラムをやめる!?　本気で言っているのだろうか。いつも唐突な投げかけで、チームを固まらせるのは、十二所（じゅうにそ）さんの役割だが、スクラムやめる宣言は二階堂（にかいどう）さんから挙がったものだった。

　ユーザーインタビューからインセプションデッキの見直しまで、チーム活動がしっくりし始めているときに、スクラムをやめる。二階堂さんの真意がわからないのはもちろん僕だけではない。小坪（こつぼ）くんをはじめ、チーム一同、絶句している。沈黙を破ったのは滑川（なめりがわ）さんだった。

「二階堂さん、いったい何を言い出すんですか！　ここにきてスクラムをやめるですって？　また、誰かに何かを吹き込まれでもしたんですか？」

　そう言って、十二所さんのほうに目をやる。当の十二所さんは目を閉じて、相手にしないことを決め込んでいる。

「いや、私の判断です。このところ、スプリントを重ねていてもまとまったアウト

プットが出せていない。バグやちょっとした改修がメインで、ビジネスにインパクトがあるような開発がまるでできていない。」

　滑川さんにとっては僕たち以上の衝撃があったようだ。二の句が継げられないでいる。ほかならぬリーダーの二階堂さん自身がスクラムをやめると言い出したこと、チームに期待するところが、要は「取れ高（開発量）」だったということ。今までわかり合えていると思っていたことが瓦解した瞬間だった。

　もちろん、単に機能をたくさん作り出すことがスクラムの狙いではない。滑川さんが事あるごとに、チームに言い聞かせてきたことが唐突に無に帰してしまった。

「そこで、今後のスケジュールを作ってきた。これをみんなで何が何でも達成してほしい。」

　二階堂さんが示したのは、最近久しく見たことがなかった、スプレッドシートで作られたスケジュール表だった。機能開発を要件定義や設計、実装、テストなどフェーズに分け、かつフェーズごとに主要なタスクに落とし込みがなされて、その終了日まで記載されている。僕や小坪くん、その他のメンバーの名前までタスクレベルに対してしっかり記載されている。これほど細かいスケジュールだ、二階堂さんが夜を徹して用意したのが想像できる。

　これだけでも十分インパクトがあるが、さらに息を飲むところがあった。この先3か月の期間に対して、複数の機能開発がふんだんに並行されている。ふつうスケジュール表と言えば横長なものだが、二階堂さんが示したものは横よりも縦のほうが圧倒的に長い。

　機能の顔ぶれを見ると今までのような軽い改修ではない。どれもこれも、プロダクトの機能性を拡充するようなやっかいなものばかりだ。ユーザーができることもかなり増える。全部実現してしまったら、複雑になりすぎて使いこなせない恐れもある。大町さんの差し金かと思って顔色をうかがったが、大町さんには特段の表情は浮かんでいなかった。僕は、試すように言った。

「これって、大町さんからの要望ですか？」

「違うよ、私ではないよ。西御門さんでしょ。」

　え？　意外な名前が挙がって、チーム一同で二階堂さんの回答を待つ。

「そうだ、西御門さんからの指示だ。」

　西御門さんは、僕たちのマネージャーにあたる人で、僕らのプロダクトだけではなくうちの会社の新規事業を一手に引き受けている。普段コミュニケーションすることはほとんどない。一方、二階堂さんの予定を見ると、その半分くらいに西御門さんの名前がある。西御門さんと二階堂さんがどんなことを話し合っているのかは知らなかったけど、さっきのサプライズをつなげればさすがに想像もつく。とにかく機能を増やすこと、このチームに寄せられている期待はその一点だ。

「こんなに機能を一度に増やしても、ユーザーがとまどうだけですよ。このスケジュールはあくまで西御門さんの要望であって、これを受けてチームで現実的な計画を立てるんですよね？」

　小坪くんも二階堂さんのことを信頼している。あの二階堂さんがこんなむちゃなことを本気で求めてくるはずがない。しかし、二階堂さんは小坪くんに答えない。その静かな横顔を見ていると、二階堂さんが本気であることに気づける。僕たちは、この、「縦長のスケジュール」をやるよりほかに選択肢はないのだ。その有無も言わせない雰囲気に僕はすっかり飲み込まれた。

　こんなときこそ、十二所さんがうまいこと突っ込んでくれるはずだ。ところが、十二所さんは口を開こうとしない。ここ最近では、ありえない光景だった。あの十二所さんも押し黙るしかないということなんだ……。

　二階堂さんの進捗会議はそれから毎日行なわれるようになった。朝と夕方の2回。逃げ道はない。僕たちはそれぞれにアサインされた目の前の仕事をひたすらにこなすしかない。やがて、進捗会議をみんなでやる時間ももったいないということで、チャットでの個別報告に切り替わった。これまでの「チームで作る」から、「個人個人でどうにかする」状況へ。チームでありながら、僕らは日々言葉を交わすことも少なくなっている。滑川さんの姿もいつの間にか見なくなってしまった。僕たちの開発はいつの間にか様変わりしたのだ。

そこまでしているのに、進みは悪い。僕の進みが悪いのは当然と言えば当然なのだが、小坪くんをはじめとした他のメンバーも遅々として仕事が進まなかった。これまでと違って、大胆にプロダクトに手を入れることになるので、既存の機能性への影響を見極めるのに相当な時間がかかるのだ。

二階堂さんはあからさまに言葉でプレッシャーをかけてくることはない。ただ、淡々と状況を把握するだけだ。それがかえって僕らに静かな圧迫となってのしかかっている。「進捗まだです」をチャットに書き続ける日々に僕は半泣きになりながら過ごした。出口がない開発が1か月経過したところで、二階堂さんは再びチームを集めた。いまだ誰も新しい機能を作りきれないでいる。その散々な状況に、二階堂さんは声を荒らげた。

「こんなんじゃ、このプロダクトはストップ。チームも解散だ！」

きっと西御門さんからそう言われているのだろう。プロダクトストップ、チーム解散という強い言葉に僕たちは息を飲んだ。そこまでいってしまうのか。言いようのない焦り、不安が込み上げてくる。このあと、「じゃあ、心機一転がんばって取り掛かろうー！」なんて気持ちには到底なれない。むしろ、折れかかっていた最後の気持ちをへし折られた気分だった。

みんなが黙り続ける中、ミーティングルームのモニターに十二所さんが何かを映し出した。それはスプレッドシートだった。もう見たくもなかった。

「これは、このチームの開発機能ごとのリードタイムを示したものだ。」

僕たちが手掛けている機能ごとに、要件定義、設計、開発、テストに要している日数が表示されている。ほとんどの機能が要件定義と設計を1、2日で終えて、開発に突入している。そして、そこでぴたりと進みが途絶えている。どれもこれも、20を超える日数が掲示され、なおかつその記録が現在進行形で伸び続けていることがわかる。

「これだけ日数が経過しているが新たなコードはほとんど書かれていない。これらが意味するところは何か。われわれはほとんどの時間を"書くこと"ではなく、"読むこと"に費やしている。」

　確かに、ふりかえれば1日の大半を「読む」ということに時間を費やしている。何をするにしても既存プログラムを調査し、影響範囲を調べなければ新たなコードを加えることができない。プロダクトが時間をかけて大きくなっていけばいくほどに、その全体像を知るメンバーは減り、どうしても複雑になっていくことを防ぎきれなくなる。だから、「書く」よりも「読む」ことが増えるのは僕らのプロダクトに限ったことではないと、かつて二階堂さんから教えてもらったことがある。

　この状態がこれまであまり問題としてクローズアップされてこなかったのは、あくまで僕らの開発が軽微な改修中心になっていたからだ。考えてみれば、そういう開発になっていたのも、そもそもはプログラムが複雑すぎて手が出せなかったからではないか。僕は自分がチームに参加した頃の状況を思い出そうとしたが、その頃からすでにプロダクトの抱える「負債」を回避してきたように思う。

「過去の計測分がないので、このリードタイムがどのくらい悪化しているのかはわからない。ただ、初期に比べると圧倒的に思うようにならなくなっているのではないか。」

　そう言って、十二所さんは二階堂さんを見た。二階堂さんは言葉を失っているようだった。きっと二階堂さん自身もこの問題について気づいていたんだと思う。でも、ここまでの状況だったということは想定外だったに違いない（それは二階堂さんだけに限らない。チーム全員にとって同じことが言えた）。

　本来であればもっと作戦を練るはずの二階堂さんが、こんな乱暴な進め方を取ったのも西御門さんからのプレッシャーがあったからに違いなかった。1か月がたったにもかかわらず、わかったことは僕らの開発がすでに頓挫してしまっていること、これ以上力技で進めようとしたところで前に進まないだろうということだった。

「ビジネスのKPIだけではなく、プロダクト開発自体のKPIも置くべきだ。もちろん、その時点その時点の結果だけではなく、経時的に捉えることで自分たちの開発に起きている異変を論理的に把握することもできる。」

　二階堂さんに語りかける十二所さんからはいつもの攻撃的な感じはない。むし

ろ、「ここまで言ったらあとはわかるだろう」と期待を込めて、二階堂さんの発言を待っているようだった。

　不意に沈黙が訪れた。誰一人、口を開かない。みんな二階堂さんを待っているのだ。永遠のような時を経て、ようやく言葉が紡がれた。

「このプロダクトは、MVP[1]的に立ち上げようって、始めた経緯があったらしくてね。」

　自分が最初に関わり始めた頃のことを思い出しているのだろう。二階堂さんは確かめるように語り始めた。

「モノになるかどうかもわからず始めたものだから、ろくにテストコードもなかった。一方で、機能開発へのプレッシャーは常にあって。でもそれに応えられるだけの開発環境でも、チームでもなかった。そういう状態を引き継いで、どうにか事業として成り立たせるべくこれまで乗り切ってきたつもりだった。」

　引き継いだ頃からダメだったんだ自分は悪くない……なんて、言い訳を二階堂さんが言うはずもなかった。そこまで言ってから、チームに見せたリーダーの顔は晴れやかだった。

「今から、プロダクトの負債の返済を始めよう。」

　うすうす感じながら見えないふりをしてきたことに目を向ける。二階堂さんのはっきりとした宣言に、僕は気持ちがわき立ってくるようだった。ただ、もちろん気がかりはある。負債返済に時間をあてるとなると、肝心の機能開発は進まなくなるだろう。小坪くんがみんなを代表して懸念を口にした。

「機能開発自体の進捗は思ったようにはならず、余計にマネージャーからプレッシャーをかけられませんか？」

　小坪くんに向けた二階堂さんの顔はいつもの自信に満ちたリーダーのものだっ

※1　Minimum Viable Product ／実地の検証のために最初に構築する最小限のプロダクト。

た。

「この状況をすべて伝えることにするよ。すぐには理解してもらえないかもしれない。でも、それを努めるのがリーダーとしての私の役割だ。」

　みんなを見て、二階堂さんは言った。

「私たちのアジャイルを再開しよう。」

解説　プロダクトとして何を見るか

　ここまで変化を捉えるための2つの視点を追ってきました。「ユーザー」と「チーム」を通してみる変化ですね。最後の3つ目の視点は「プロダクト」です。向き合うべき問いは、「プロダクトが変化を加えやすい状態になっているか（変更容易性）」であり、「プロセスとして変化を捉え対応するような仕組みになっているか（変化適応性）」です。この問いを念頭に置いて、具体的にプロダクトの「見方」についてこの章で捉えていくようにしましょう。

　プロダクトとはユーザーとチームの間をつなぐ存在です。チームはプロダクトを通じてユーザーに価値の可能性を届ける。ユーザーはプロダクトを利用してその可能性を実現する。プロダクトとは価値や意味が生み出されていくベースにあたります。ですから、ユーザーやチームだけを「診る」だけでは足りないのです。「プロダクトを診る」ことなしに価値は実現しません。

　ところが、プロダクトづくりはいつの間にか「ビジネスを見る」に圧倒され始め、やがてそれ以外の視点がまったく置き去りになってしまうことがあります。「どのような目標や指標を置いているのか」という問いに対して、売上や利益など収益性に関する物差ししか挙がらないとしたら、視点不足に陥っている可能性が高いです。

　中でも、プロダクトに対する視点はユーザーやチームよりさらに後塵を拝する

きらいがあります。少なくともチームはプロダクトの視点を有しているかもしれない。ただ、そこ止まりで、チーム外の上層部やビジネス部門にはまったくその関心がない。そんな状況は珍しくないことのように思えます。

ですが、先に述べた通りプロダクトとはそもそもの価値提供のための礎（土台^{いしずえ}）にあたるのです。プロダクト自体が健全な状態にあるのかを確かめる、ということをチームはもちろんのこと、関係者にも理解を持ってもらう必要があります。このためにも、プロダクト自体が放つシグナル（兆し）を意識的に得る必要があります。観点は2つです。

1 プロダクトとしての価値が届いているか
2 プロダクトとしての価値提供を継続できるようになっているか

1 プロダクトとしての価値が届いているか

ユーザーが実現したいこと、それに伴う課題に対してプロダクトが貢献し充足できているか。いわゆる Problem-Solution-Fit（PSF：課題と解決策の適合度合い）と呼ばれる状態を達成できているかどうかを見ます。PSF については第2部で詳しく扱いますが、その状態把握はプロダクトづくりの初期段階にのみあるのではありません。継続的に PSF が実現できているかを捉え続ける必要があります。

ここで捉えるのはあくまでユーザーが課題解決を果たし、価値が得られているかどうかです。その「瞬間」は、ビジネスとして収益が発生するタイミング（モノを買う、サービスを契約するなど）とは必ずしも一致しないため、「確かに価値が生まれているのか」は意図的に捉えていく必要があります。収益上の指標やそれを因数分解しただけの KPI しか追えていないとしたら危険です。チームの視点が収益目標に偏りすぎていると、いつの間にか「価値提供」の視点が置き去りになり、さらには置き去りにしてしまっていることすら認識できなくなります。

2 プロダクトとしての価値提供を継続できるようになっているか

まず 1 の通り、プロダクトとして価値が提供できていることを担保する。そのうえで、その価値提供が継続できるようになっているかを見ます。価値提供を支えるプロダクトづくりそのものを評価し続ける必要があります。プロダクトづくりを見るための指標として有名なものには、**Four Keys** があります。

❶ **デプロイ頻度**：プロダクション環境へのデプロイの頻度
❷ **リードタイム**：コードがコミットされてからプロダクション環境で稼働する
　　までの時間
❸ **変更失敗率**：デプロイが原因で、プロダクション環境で障害が発生する割合
❹ **復旧時間**：障害が発生した際に、システムが正常な運用状態に戻るまでの時間

プロダクトづくりにおけるスループットを見るための指標がデプロイ頻度、リードタイムであり、安定してデリバリーが可能かを見るのが変更失敗率、復旧時間です。これらをどれか1つではなく、いずれもより良い状態を目指すことがプロダクトづくりの指針となります。

価値提供の継続性を測るうえでは、これらの数値を断続的に捉えるのではなく、**経時的な推移にも着目する**必要があります。「リードタイムが徐々に長くなってきた」「デプロイ頻度が減ってきた」、いずれも傾向を捉えることでプロダクトづくりにおける劣化を検知します。何が原因なのか、その分析を行なうトリガーになります。

こうした傾向を放置していると、だいぶ時間がたってから劣化と向き合うことになり、その頃には相当手ごわい問題に育ってしまっていることはよくあります。**劣化は小さな芽のうちに摘んでおく**ことが重要です。

このうち特にリードタイムは、プロダクトづくりという**バリューストリーム**（価値実現の流れ）全体にわたって捉えることができ、広範囲に劣化要因を探るための手がかりになります（**図4-1**）。バリューストリームのどこに時間がかかっているのか、可視化を行なうことでその要因の掘り下げにつなげていきます。

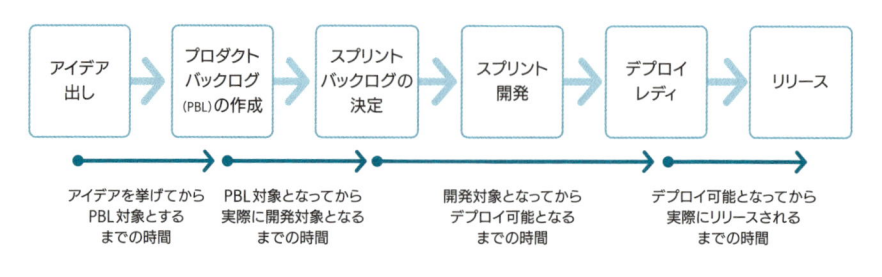

図4-1 プロダクトづくりのバリューストリーム

バリューストリーム上でボトルネックを見つける

バリューストリームのいくつかの段階について着目しましょう。

① アイデアを挙げてからプロダクトバックログの対象とするまでの時間
② プロダクトバックログの対象となってから実際に開発対象となるまでの時間
③ 開発対象となってからデプロイ可能となるまでの時間
④ デプロイ可能となってから実際にリリースされるまでの時間

なお、これらの時間を見ていくにあたっては、1つ1つのバックログアイテムを分析対象としましょう。バックログアイテムごとに前提やサイズが異なるためです。

① アイデアを挙げてからプロダクトバックログの対象とするまでの時間

プロダクトオーナーやチームが開発のテーマや機能のアイデアを挙げてからプロダクトバックログに入るまでの時間は「**開発候補とする意志決定を下すまでに要する時間**」と言えます。ここが軽微な改修であれば他との優先度との兼ね合いにかけられるだけかもしれませんが、比較的手の込んだ機能開発ともなると簡単には判断できません。そのもくろみについての仮説検証（価値があるのか）が必要となるでしょう。当然仮説検証を行なうとなれば、相当なる時間を要することになり、この時間（①）を押し上げる要因となります（もちろん時間がかかるとはいえ必要な検証は行なわなければなりません）。仮説検証のより詳細な方法については第2部で扱います。

② プロダクトバックログの対象となってから実際に開発対象となるまでの時間

プロダクトバックログに挙がってから、実際に開発対象、つまりスプリントバックログに入るまでの時間です。これは主に他との優先度の兼ね合いによって決するところが大きいでしょう。ゆえにこの期間の長短については判断が難しいところです。単純に時間が長くなっているものがあったとしても、優先度判断の結果であれば問題とは言えないからです。

ただし、この段階（②）の時間が長いものと短いものを比較し、そこに何かしらの傾向があるのかは見ておきたいところです。軽微な修正やバグに近い対応ばかりが優先され、本格的な開発が必要なものは滞留時間が長くなっているとした

ら、問題がひそんでいる可能性があります。

どれだけ良いアイデアを講じたところで、先に抱えてしまっている責務のほう
が多く順番が回ってこない、ということはプロダクトにとってよりフレッシュな
アップデートができないということです。徐々に目の前のことにタイムリーに対
応できなくなり、プロダクトの劣化を知らずに招く恐れがあります。重要性の高
い事案がスタックしてしまっている要因がどこにあるのか、確かめるようにしま
しょう。

③ 開発対象となってからデプロイ可能となるまでの時間

この期間が開発に要した正味の時間にあたります。同じようなサイズ感の機能
開発でありながら、この時間が長くなっている場合は開発自体が劣化している可
能性が考えられます。それは技術的負債によるものだけとは限りません。新しく
加入してまだ慣れていないメンバーによる開発だったことが要因かもしれません
し、別のアクシデントが開発に影響したのかもしれません。要因が何なのか突き
詰めることから始めましょう。

さて、ここで疑問が浮かぶはずです。スクラムを適用しているならば、スプリ
ントの長さを超えた開発にはなりません。ということはこの時間（③）が異常に
長くなるということはないのではないか。その通りです。この場合、問題は別の
現われ方をするはずです。開発の番がなかなか回ってこないという事象、つまり
**前段階（②）においての滞留が起き始める。あるいは、実際に意味ある単位での
開発完了を迎えるまでの時間が長くなる**、という状況です（**図4-2**）。

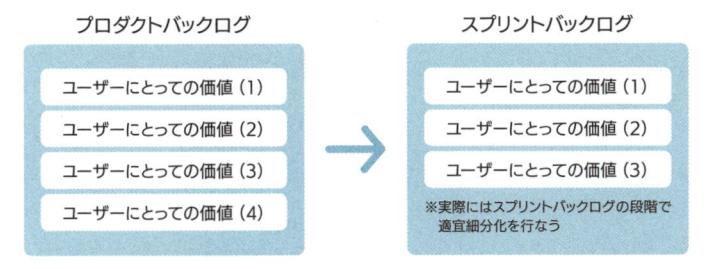

プロダクトバックログアイテムは、ユーザーにとっての価値の単位で捉える

プロダクトバックログ

| ユーザーにとっての価値 (1) |
| ユーザーにとっての価値 (2) |
| ユーザーにとっての価値 (3) |
| ユーザーにとっての価値 (4) |

スプリントバックログ

| ユーザーにとっての価値 (1) |
| ユーザーにとっての価値 (2) |
| ユーザーにとっての価値 (3) |

※実際にはスプリントバックログの段階で
適宜細分化を行なう

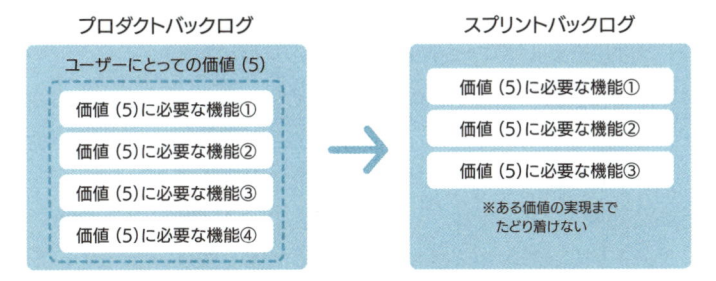

スプリントで収まるように粒度調整を行なうようになった結果、1スプリントで価値が実現できない

プロダクトバックログ

ユーザーにとっての価値 (5)

| 価値 (5)に必要な機能① |
| 価値 (5)に必要な機能② |
| 価値 (5)に必要な機能③ |
| 価値 (5)に必要な機能④ |

スプリントバックログ

| 価値 (5)に必要な機能① |
| 価値 (5)に必要な機能② |
| 価値 (5)に必要な機能③ |

※ある価値の実現まで
たどり着けない

図4-2 プロダクトバックログアイテムの断片化

　そう、スプリントに収まらないならばバックログアイテムのサイズを小さくするよりほかありません。**そうなるとバックログアイテムが断片化し始めます。**プロダクトづくりの最初期では1つ1つのバックログアイテムで「ユーザーにもたらす価値は何か」をきちんと定義していたというのに、今となっては言えなくなっている。単一のバックログアイテムだけでは部分的な機能にすぎなくなっているためです。

　バックログアイテムに適用する原則として、**INVEST**があります。

- Independent（独立している）：他のプロダクトバックログアイテム（PBI）に依存せず、単独で完結可能である
- Negotiable（交渉可能である）：PBIは実現が約束されたものではなく、議論と調整が可能なものである
- Valuable（価値がある）：PBIはユーザーや顧客にとって明確な価値を提供するものである
- Estimable（見積もり可能である）：PBIのサイズについて見積もりが可能で

ある

- Small（小さい）：PBIのサイズは十分に小さい
- Testable（テスト可能である）：PBIは具体的な受け入れ条件を持ち、テスト可能である

　当初はINVESTだったバックログアイテムが、徐々に単体の価値として小さくなる、というよりは単体では意味をなさなくなる。こうなると、実際にユーザーが価値として受け取れるタイミングは、バックログアイテムの開発がひとしきり終わる段階であり、この段階（③）で捉えている時間感覚よりもずっと遅れてしまうのです（スプリントごとに価値を生み出せる状態にはならない）。

　バックログアイテムがどこまで完成すればまとまった価値になりえるのか。この範囲をわかるようにするために、チームはあと付けでバックログに「親子構造」を持たせるかもしれません（親バックログ単位で実現する価値を定義し、子バックログで必要な機能分解を行なう）。もちろん、プロダクトによっては「意味あるバックログアイテム」のサイズ感がどうしても大きくなり、最初から親子構造を持たせることもありえます。意図してサイズコントロールをしているのか、なし崩し的に取り入れてるのかでは雲泥の差があります。いずれにしても、**「親バックログ」の単位でリードタイムを計測し直しましょう。**

　この観点は、アジャイルにおいて「アウトプット」と「アウトカム」という概念を分けて捉え、後者への着目にこだわるのと通じます。「開発上必要なバックログアイテム」はアウトプットでしかなく、アウトカムとなりうるのは「ユーザーにとって価値や意味があるバックログアイテム」のほうです。

④ デプロイ可能となってから実際にリリースされるまでの時間

　この時間が長くなる理由には、対象機能自体に適切なタイミングがありそれを待つ必要がある場合や、リリース前の検査に時間を要している場合などが考えられます。意図的に滞留させているのではないとしたら、この時間が長くなっていく状況も望ましいとは言えません。

　チームは機能をリリースし、ユーザーに新たな価値を届けるために開発を行なっているのです。それができずに滞留しているということは**「在庫」**を抱えるようなものです。リリースしてもしなくても大差がないようなものであれば開発の

必要性自体が問われますし、必要なものであればリリースできずにいることはどう考えても問題です。

■ボトルネック解消に向けた「割合」と「集中化」の作戦

さて、プロダクトづくりそのものの問題を捉えたところで、実際にその対処にあたってはどのように作戦を講じていくと良いのでしょうか。ネックとなるのは、問題の対処のみに時間を割けないことです。技術的負債の返済にチームがかかりきりになればなるほど、ビジネスサイドが期待する機能開発は進まないことになります。この二項対立状態には必ずと言ってよいほど直面します。アプローチはその折り合いの付け方、度合いによって分けるということです。2つの段階を挙げます。

1 やるべきことのポートフォリオでマネジメントする

最初に挙げるのは、スプリントあたりでチームが取り組める全体量のうち、問題対処と機能開発にあてる分量の割合を決めて取り組む方法です。

たとえば、チームのキャパシティの20%を問題対処分として確保する。おおよそ10個のバックログアイテムをこなせるとしたら、そのうちの2個は問題対処のバックログアイテムを選択するというイメージです。

この作戦を取る際にも、ビジネスサイドとの理解合わせは必要になるでしょう。要点は、このことを**問題が顕在化してから理解してもらうのではなく、プロダクトづくりの最初から知っておいてもらうこと**です。どのように作り進めても「負債」の可能性を伴っていくことになるため、必ず返済の時を迎えなければならない、このことを前提として最も受け止めやすいのは「今開発を止められたら困る」そのときではありません。むしろ、開発を始める**「前」**です。プロダクトづくりに伴う前提やありえることについて、ポジティブなこともネガティブなことも、両面を明らかにして丁寧に理解を合わせておきましょう（インセプションデッキの"夜も眠れない問題"で示唆するのも良いでしょう）。

なお、この割合はスプリント単位で見直すことを決めておくと良いでしょう。「いつまで続くかわからない」では判断しづらくとも、「スプリントごとに割合自体を決める」とすることで、判断の対象を局所化することができます（ひとまず目の前のスプリントについて判断すれば良いと限定できる）。

2 やるべきことの集中化で突破する

　問題対処のアプローチが「割合」で済むような状況を維持できるのは理想と言えます。「割合」で対処していくには、やはり問題の芽が小さいうちに捉えられている必要があります。問題を野放しにすることで、対処のレベル感を上げる必要が出てきます。次の作戦は、「**集中化**」です。

　複数スプリント分を問題対処にあてる、あるいは問題対処に特化したプロジェクトを立ち上げて事にあたるアプローチ（「プロジェクト化」）です。前者は、ほぼ機能開発を止めることになり、当然ながらインパクトは大きくなります。それでも「割合」では収まらない状況にまで至った場合は、延々と開発の速度を落とすより、いったん止めたほうがかえって状況を早く変えられるという考えです。

　もう1つ挙げた「プロジェクト化」は何が違うのでしょうか。機能開発を行なうチームと、問題対処にあたるチームを分けられるかどうかで、この差に意味が出てきます。問題対処にあたるチームを別で作り、特化したプロジェクトとして置くことができれば、機能開発自体も止めずに済むことになります。理想的と言えますが、多くの場合そう簡単ではありません。

　問題対処にかけられる予算という台所事情もさることながら、別チームを作るにもプロダクトを扱うのに必要な知識を持ったメンバーを確保できるかがネックになります。こればかりはコストをかけたところで急にどうにもならない可能性があります。まずはプロダクトの現状や問題領域を理解するところから始める、といった助走期間が必要となるでしょう（それは関係者からはオーバーヘッドとして映りやすい）。

　いずれのアプローチにしても、「延々と続く問題対処」というのは疲弊という別の問題を徐々に生み出すことがあります。「常に、ずっと、がんばる」を強いられるのはたいていの場合、耐えられるものではありません。問題対処にメリハリをつけるためにも、複数スプリントやプロジェクトの期間を明示的に切り、段階分けを想定したほうが良いでしょう。

機能開発を止めるってどういうことよ!?

　これから先、少なくとも2スプリントは「負債返済にあてる」という判断が通ったのは、さすが二階堂さんと言えた。この問題対処を置き去りにして、このまま進めた場合に何が起きるのか、期待する機能開発の着地はいつになるのか。十二所さんの根拠データを用いれば、そのシミュレーションができ、数字でもって示すことができる。

　マネージャーも目の前に事実をもって、どういう未来が待っているのかを示されたら受け入れるよりほかない。ただし、すべての負債を返済するなんてことはとてもできない。あくまで、直近の機能開発で必要な範囲に絞って、問題対処にあたるという方針だった。

　僕たちは、また自分たちの開発のやり方（スクラム）に戻すことができたこと、そして、少なくともプロダクトの抱える問題についてマネージャーと理解を通じ合えたこと自体に嬉しさを感じた。わかり合えるって、こういうことを言うんだ。

　ところが、事はそう簡単にはいかなかった。今度は別のところから火の手が上がった。セールスの大町さんだった。文字通り、チームのいる場所に怒鳴り込んできた。

「機能開発を止めるってどういうことよ！　むしろ、もっとユーザー向けの機能をリリースしていかないと先がないって、前にも言ったよね？　私言ったよね!?」

「大町、機能開発をいったん止めることは西御門さんの了承も得ている。」

　冷静に二階堂さんは応えた。同期の2人だけに互いに遠慮は要らない。

「それは開発のマネージャーの判断でしょ。セールスサイドはそんなの知らないって！」

「これ以上、機能開発をムリに押し込んだところで早くはならない。俺もこの話、もう何回も言っているだろう。」

　2人は真っ向からにらみ合って、譲らなかった。こんな手詰まりを打開できる人はもちろん一人しかいない。僕は十二所さんに祈るような思いで「何とかしてください」と小声で訴えた。十二所さんはあからさまに顔をしかめて、そして渋々と口を開いた。

「セールスはユーザーも、チームも、プロダクトのこともわかっていない。これまであったことをふりかえれば、このことは明らかだ。」

「あんたねぇ!?　だから、口を出すなって言うの？」

　火に油だった。なんだかんだ開発のことは開発チームに判断を委ねたり、正論を突きつける十二所さんにも好印象を示したりしていた大町さんだったが、今度ばかりは怒りが燃え上がっていた。

　僕や小坪くんが息を飲む中、当の十二所さんはその反応もわかっていたのか、まったく冷静だった。

「逆だ。もっと口を出せ。」

「は？」

「セールスがろくにプロダクトに対するフィードバックを挙げずに、思いつきで要望を作っているから、このプロダクトは別の負債を抱えてしまっている。」

　大町さんから寄せられる要望は確かに何の脈絡もなかった。リリースする内容とは無関係のことが寄せられるかと思えば、だいぶ時間がたってからリリース内容とは真逆の要望を挙げてくることもある。大町さんがスプリントごとのアウトプットを見ていないのは明白だった。もっと早い段階でフィードバックをもらっていれば改修事案が少なくて済んだのに、二度手間のようなことになっている。

「スプリントレビューにちゃんと出ろ。そこでチームのアウトプットについてフィードバックを挙げろ。それだけでチームがあとで抱えるムダなバックログが減る。そうすればもっと、セールスの要望を聞く時間が作れる。」

「な、なによ。そんな前のことじゃなくて、私は今目の前のことを言っているのよ。あのときはああすれば良かったではなくて、今目の前のスプリントをどうするかよ。」

「スプリントレビューに出ていれば、チームが抱える問題についても、もっと知ることができる。簡単には開発ができないことを。だから、プロダクトもチームも見えていないと言ったんだ。こんな会話も要らなかったはずだ。」

大町さんは即座に返せなくなっていた。どう考えても正論だった。大町さんも、目の前の問題（機能開発できないこと）と原因を切り離して、目先のことだけを無責任に突きつけてくるような人ではなかった。そうだとわかっているから、十二所さんもそもそも論に立ち返って話しているのだろう。

「……そんな時間ないわよ。毎回、スプリントレビューに顔を出すなんて。」

「このプロダクトのスプリントレビューに出て意見を言う以上に、優先度の高いことなんて他にあるのか？」

僕たちのプロダクトは、会社が新たな事業を切り開くために手掛けているものだ。その方針自体は、西御門さんどころではなく、社長の判断に基づいている。確かに、このプロダクト以上に優先度の高い事案は僕たちにはないはずだ。たった1つを除いて。

「受託開発の営業だよな。」

押し黙ってしまった大町さんの代わりに応えたのは二階堂さんだった。そう、セールスが抱えているのはこのプロダクトを売っていくことだけではない。本来の事業である受託開発についても変わらずミッションを背負っているのだ。

「大町、これから参加するのはスプリントレビューだけでいい。他のミーティングには何も出る必要はない。セールスの状況は西御門さんとの定例で引き続き話してくれれば、チームには俺のほうから共有する。だから、しばらくプロダクトに、チームに、向き合ってくれないか。」

二階堂さんから出た言葉は「お願い」だった。開発からセールスに出た初めての「要望」。大町さんは、「ああ！」とこめかみに手を押し当てて応えた。

「わかったよ！　でも、その分、遠慮なく言わせてもらいますからね。」

　大町さんから遠慮がなくなったら、それはそれで大変なことになるのではないかと僕はひやりとしたが、二階堂さんは「ああ、頼む」と笑いながら短く答えるだけだった。きっと、これからはそんな心配も大したことではなくて、僕らは乗り越えていけるのだろうな。

　ふと、こんなときはどんな顔をするのかと十二所さんを盗み見した。いつものように面白くもない顔を置いているだけだった。「早く話を終えて、次に行け」が、ひそんだ眉に表われている。ちょっと変わった人が集まっている気もするけれど、僕はこのチームの雰囲気が好きになり始めていた。

— STORY ▸ 解説 —

解説　変化に向き合う仕組みをチームで作る

　第1部の主題は「変化に対応する」でした。変化に対応するためには、まず何が起きているのか、変化を捉える必要があります。ユーザーの実態を捉えるためのユーザーテスト、ユーザーインタビュー。チームの中に埋没している課題を掘り当てるためのふりかえり、むきなおり。プロダクトの潜在的な問題、負債をつかむための指標計測。

　いずれの取り組みもその時点での状態を把握するだけではなく、経時的に情報を取り続けることが要点です。結果を比較し、その差分を得ることで「変化」を浮き上がらせる。プロダクトづくりを中長期の視点から捉え、その健全性を保つための工夫をすることがその狙いです。

　チームが「変化に対応する」ことができているか。この観点を点検するためには、先に挙げた取り組みを踏まえ、「**ある期間内で挙げられた"変化を起こすためのバックログ"の数**」をどのくらい挙げられているか見るようにしましょう。

数が多いかどうかよりも、**まず変化を起こすバックログアイテムが1件でも挙がっているかどうか**です。これまで変化の探索に時間を割いてこなかったチームにとっては、ゼロからイチにするところが最初の山場です。ですから、まずはそもそも変化の探索に対応するバックログを挙げられているかどうかを計測の始点にします。

　バックログで変化への対応具合を見ていくようにする。ならば、その検査適応のためにスクラムイベントが果たす役割もあらためて捉え直しておきたいところです。スクラムは、進捗の把握や単なるタスクマネジメントのために取り組むのではありません。変化を捉え、着実に対応していくためにはムラなく、ユーザー、チーム、プロダクトに向き合い続ける必要があります。思い出したときにユーザーの様子を見てみようでも、思いつきでチームビルドのワークをやってみようでもなく、**向き合うこと自体には変化がない状態をつくる**（= 常にユーザー、チーム、プロダクトに向き合う）。スプリントという時間の枠組みを利用して、変化に向き合う仕組みを構築するつもりで臨みましょう（**図4-3**）。

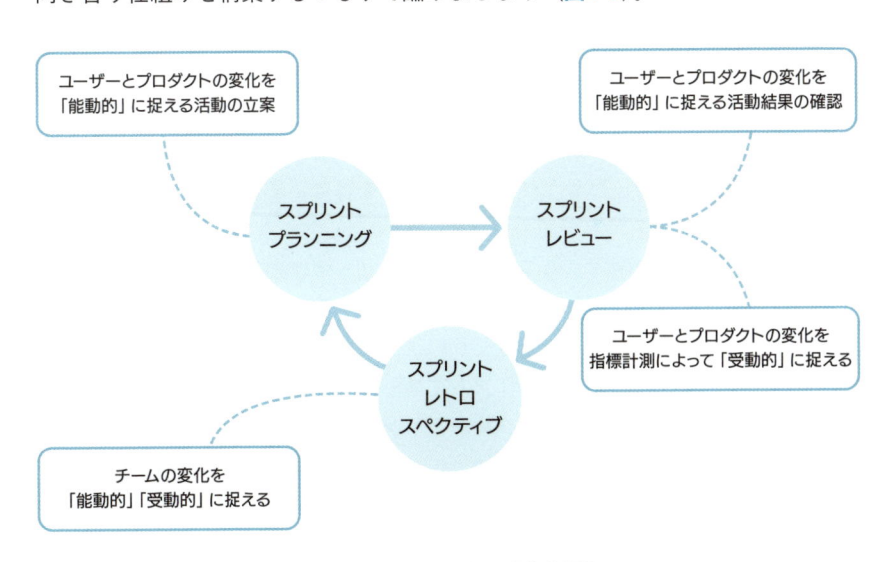

図4-3 スクラムイベントで変化を捉える

1 スプリントプランニングで変化を捉える

　スプリントプランニングでは「能動的」に変化を捉えるための活動を組み立てましょう。「能動的」というのはその時点で特定の意志に基づき、変化を捉えるアクションを行なうということです。対象はユーザーとプロダクトに関してです。

・能動的にユーザーの変化を捉える例：ユーザーテスト、ユーザーインタビュー
・能動的にプロダクトの変化を捉える例：バリューストリームマッピング、プロダクトレビュー（第8章参照）

これらの取り組みをタスクにかみくだき、スプリントに混ぜ込みます。なお、活動によってはスプリントに収まりきらない場合があります。たとえば、ユーザーインタビューも、リクルーティングから実施、結果分析まで2週間で収めようとするならば、人数で調整するか、仕組み化が整っていなければ難しいところがあります。今どの活動を行なっているのかわかるように、第2部（第7章）で紹介する検証キャンバスを作ってテーマ管理をしておきましょう。

2 スプリントレビューで変化を捉える

一方、スプリントレビューでは、「能動的」な活動を踏まえた適応を行なうこと、さらに「受動的」に変化を捉えるための計測結果の確認を行ないましょう。

前者はプランニングで立てた取り組みに対応するものです。ユーザーテストやバリューストリームマッピングの実施から何がわかり、次に必要なことは何か、スプリント中に一定の結論が出ていることでしょう。その結果を踏まえて、次のスプリント以降で具体的に行なうべきことの判断を行ないます。

後者の「計測結果の確認」については、ユーザーの行動に基づくデータやプロダクトの指標（Four Keys）など定量数値を検査する時間を取りましょう。これらの確認をスプリントレビューで行なうのは、能動的な活動同様に計測結果からわかったことをさっそく次のスプリントで活かすためです。緊急性や重要性の高い取り組みについては、次のスプリントプランニングで実施の対象とするか判断を行なえるようにします。

3 スプリントレトロスペクティブで変化を捉える

スプリントレトロスペクティブは、チームに関する能動・受動両面の検査を行なう場です。チームに関しても指標計測を行なう場合、定期的に眺める時間としてスプリントレトロスペクティブの時間を利用しましょう。

たとえば、本章では扱いませんでしたが「ベロシティ」はチームの状態を見るための手がかりの1つになりえます。観点は「安定的に推移ができているか」と

いう点です。単にベロシティの数値を高めていく対象として見ると、むしろチームの状態に歪さを持ち込むことになりかねません（単純にアウトプット量を増やそうとすると、どこかでその分のクオリティの低下やチームへのムリな負荷がかかる可能性が高まります）。

長いプロダクトづくりでは、ベロシティは段々と安定していくはずです。安定状態の中で、ベロシティの低下が数スプリント続くとなると、何かしら問題が起きているサインと言えます。逆にベロシティが高すぎるのも、品質の低下や過剰な作業量、むちゃな期待が潜在している表われとして捉えることもできます。いずれにしてもチームに何かしらネガティブな事象が起きていることに気づくためのヒントになりえます。

さて、ここまで解説してきたユーザー、チーム、プロダクトを理解し直す活動を、どのようにすれば普段の開発に取り入れられるのでしょうか。普段の開発にはこれまで通りの目標や目標設定のためのフレームが存在するはずです（たとえばKPIなど）。これまでとは一線を画した活動を始めるにあたって、その状況をわかりやすくするためにあえて新たなフレームを併用するのは一案です。「OKR」はこの狙いに適していると言えるでしょう。OKR自体が「チャレンジ」を根底に置いた目標設定のフレームだからです。

なお、今回示した3つの視点はチームの中の役割とつながりがあります。「ユーザー」に関してはプロダクトオーナー、「チーム」はスクラムマスター、「プロダクト」はチームメンバーです。それぞれの役割が3つの視点について特に気を配り、他の役割を牽引（けんいん）する役回りを取るようにする。こうした工夫も、状況に流されず、3つの視点を診（みつづ）続けるための手立てと言えます。

 解説 > STORY

自分のハンドルを握れているか？

この間、チームに起きたことは何だったのだろうか。ユーザー、チーム、プロダクトそれぞれの観点で、格段に見えるものが増えた。その分、慣れない活動が増えて、チームとしての負荷は決して低くはない。ただ、チームの活気は格段に変わ

ったように感じている。見えるものが増えたおかげで、考えられることが増えた。

　ユーザーに何を提供すればその利用が進むのか、チームのみんなで何について対話したらもっと気持ちよく仕事ができるのか、プロダクトづくりで何に留意すればストレスを減らせるのか。それらが見えるようになり、情報が増えたことで、自分たちが取れる選択肢も増やすことができる。逆に見えないままでは、取れる選択肢は変わらず、これまで通りのことしかできないままになる。

　もっとわかりやすい僕たちの変化とは、ミーティング以外の会話の量が増えたという点だろう。チーム内だけではない。マネージャーの西御門さんもチームの様子を見に来てくれたり、大町さんもスプリントレビューだけではなく気軽に声をかけてくれるようになった。一人ひとりがおのおの考えるだけではなく、それぞれが得た気づきやアイデアを場に出し合うことでまた新たな発見が得られたりもする。十二所さんがここまで見越していたのかはわからないけど、チームの変化のきっかけがあの人にあるのは間違いなかった。

　当の本人は相変わらずの無愛想で、むしろ十二所さんだけは他の人との会話もそれほど増えていない。必要なことだけぶっきらぼうにぼそぼそと話す姿勢には変わりなく、正直言ってやりにくい。あまり積極的に絡んでいこうとする人はいない。

　だけど、僕にはなぜかものが言いやすいのだろうか、十二所さんに捕まってやるべきことを聞かされる役回りになってしまっている。今もまさに、じっと僕のほうを見て、ゆっくり近づいて来た。また何か必要とおぼしきことを独り言のように言うのだろう。身構える僕に向けて、十二所さんは例によって静かに言い放った。

「自分のハンドルは握れたんじゃないか。」

　やっぱりぼそっとした一言に、僕ははっとした。チームに変化を巻き起こしたこの人は、誰よりも僕の「変化」についても見ていたのだろう。そのことに気づいて、嬉しくなって僕は「はい！」と大きく返事した。その声にうるさそうに顔をしかめた十二所さんの、しかしその口元は心なしか緩んでいたような気がした。

価値探索編

──新たなプロダクトの価値を探索する

笹目（ささめ） 主人公

プロジェクト管理ツールのチームを離れ、西御門が新たに立ち上げた新規事業を創出する部署「新価値創造室」に異動。長楽チームでプロダクトオーナーを務めることになった。これまでプロダクトオーナーの経験はなく、またしても夜も眠れない日々を送り始めている。

十二所（じゅうにそ）

笹目と同じく、プロジェクト管理ツールチームから新価値創造室に異動。なぜか、長楽チームではスクラムマスターの役割を担わされることになった。自身のスタンスには変わりなく、新天地でも暴風を吹き荒らす。

長楽（ちょうらく）

新価値創造室のマネージャー。室長の西御門とは長らく上司部下の関係を続けており、社内でも「いつものコンビ」と思われている。新規事業の創出に長く従事しているが、西御門と同様、結果は出ていない。アジャイルは嫌い。

雪下（ゆきのした）

新価値創造室、長楽チームのデザイナー。受託開発の事業部からの異動。社内では、エースデザイナーと期待されている女性。どんなときも遠慮なく意見をぶつけるスタンスは、十二所に近い。

佐介（さすけ）

新価値創造室、長楽チームのエンジニア。受託開発の事業部からの異動。笹目とは同期にあたり、小坪も「同期中で一番の腕利き」と認めるエンジニアである。

西御門（にしみかど）

新価値創造室の室長。口癖は「めっちゃ、良いじゃない。」だが、どのくらい内容を理解しているかはやや怪しいところがある。温和な雰囲気と物腰だが、マネージャーとして絶対に譲らない一線を持っており、成果をあげることについては厳しい。

第 5 章

不確実なプロダクトづくりを
さらに難しくする3つの罠

STORY

隣あわせの野望と、希望

「ねえ大町(おおまち)さん。めっちゃ、良いじゃない。」

　私の目の前で口元を手で押さえながらも、笑うのを止められないという様子でいるのは、うちの会社で事業創出の責任者を任されている西御門(にしみかど)さんだ。いつも丁寧な物腰でありながら、どこか上から目線をのぞかせる。苦手、というか嫌いなタイプだ。

「あの二階堂(にかいどう)さんがね、ずいぶん助けられたみたいですね。じゅ、十二所(じゅうにそ)さんでしたっけ。二階堂さんと年齢はそんなに変わらないんでしょう？　でも、前職での経験が桁違いにあるんでしょうね。」

　私が西御門さんに報告したのは、あのいけすかない十二所のことと笹目(ささめ)くんのことだ。

「しかも、大町さんがね。まさか、やり込められるとは！」

　また、西御門さんは嬉しさをこらえきれないという感じで、はしゃいだ。やり込められた本人を目の前にして、これ幸いと言いたいことを言うつもりなのだ。本

当に嫌なやつだ。かたわらにいる、もう一人のおじさんは、にこりともせず話を合わせてきた。

「まあ、要は改善ですよね。新規で事業開発するのとは違う経験、スキルですね。たまたま、状況と持っているものが一致したということでしょう。」

そんなに評価するほどのことではないと、ばっさりと切り捨ててみせる。西御門さんの期待が変に高まりすぎると、妙なことを言い出しかねない。なにやら防衛線を引こうとしているのは、長楽という新規事業開発チームのリーダーだった。私よりだいぶ年上だが、西御門さんよりは下、といったところ。それほど接点があるわけではないが、あまり良い評判は聞いたことはない。

「いやーでも、長楽さん。これから圧倒的に人手が足りないことを見越すと、この2人はこっちのチームにあてたほうが良いですよ。」

人手が足りないのはいつものことだが、圧倒的とはまた大げさな。私の違和感を感じ取ったのだろう。私にしか気づかないくらい微妙に勝ち誇って、西御門さんは説明を加えた。

「来期から、今の部署を"新価値創造室"として、新しい事業、プロダクト開発に振り切った体制を取るんです。今やっているテーマの3倍から5倍くらいに拡充して、同時並行で事業開発を進めていきます。」

なるほど、その新しい部署の室長に西御門さんが収まり、その下のマネージャーに長楽さんがつくのだろう。人材を社内からかき集めようとしているのは、そういう背景だったのか。二階堂の手掛けているプロジェクト管理ツールはどうなるのだろう。

「二階堂さんたちがやってくれているサービスも残しますよ。ちょっと迷ったんですけどね。もうここで止めたほうが良いんじゃないかって。でもまあ、こうやって乗り越えてやっていってくれてますし、もう1年様子を見ようかと思います。」

私の頭の中なんてお見通しなんだろう。疑問に思うことを先回りして、勝手に話してくれる。私からの興味を消して、西御門さんは無表情の長楽さんに向かっ

て来期の体制について語り始めた。

「まっさらなところからプロダクトを立ち上げたいんですよね。この、じゅ、十二所さんと笹目くん2人に加えて、受託開発のほうでくすぶっていた、エンジニアの佐介（さすけ）くんと、デザイナーの雪下（ゆきのした）さんも寄せて、1つチームを作ろうかと。」

「ずいぶん若いチームになりますね。私はまるで“学校の先生”ですね。」

　わざとらしく引きつった笑いを浮かべてみせた長楽さんを無視して、西御門さんは私のほうに向き直り、せわしなく補足した。

「長楽さんは、プロジェクト管理のプロダクトをつぶして、二階堂さんを引っ張りたかったんですよね。」

「当然ですよ。新規開発は経験がものを言います。この、じゅう、十二所さんという人がそれなりに経験があるのはわかりますが、他のメンバーは若手ばかり。思うような開発ができるかどうか怪しいものです。」

「まあ、そのあたりのメンバーの指導こそ長楽さんにしっかりやってもらって。事業アイデアのほうは私のほうでもフォローしていきますから。」

　西御門さん、長楽さんのコンビはそれなりに長いはずだ。実際には、この数年鳴かず飛ばず。目立った成果はあがっていない。むしろ、プロジェクト管理ツールは売りがついている分、うまくいっているほうだ。結局、2人がやりたいようにやれるかどうかが大事なんだろう。そんなものに付き合わされるのはごめんだ。

「もちろん、セールスは引き続き大町さんに入ってもらいますから。」

　まただ。先回りして、逃げ道をなくしてくる。私は深いため息をつきたくなって、しかし、飲み込んだ。これ以上、西御門さんの説明という名の説得が続くのもごめんだ。やれやれ。ただ、この先のことについては見ものでもある。あのコンビが環境を変えても、乗り越えられるのかどうか。うまくいかないならうまくいかないで、溜飲（りゅういん）が下がるというもんだ。うまくいくなら？

「来期で会社が変わりますよ。変えるのは、私たち新価値創造室です。」

　根拠のない自信をのぞかせる新室長を前に、自分の妄想が進まないよう考えるのをやめた。知らないでおく、考えないようにする、そうすることがこういうときにわが身を守る手立てになることを私は知っている。

・・・

STORY

新チームの立ち上げ

「なぜ、開発を始めようとするのか、まったく理由がわからない。」

　この人はきっとどんな場面であっても、「ちょっと気を使う」なんて言葉はないんだろう。もちろん十二所さんだ。眉間に1本のしわを静かに寄せている。年上の長楽さんを相手にまったく遠慮するところがない。十二所さんのその様子に、キックオフに集まったメンバーはみんな鳩が豆鉄砲を食ったようになっている。

　この4月から、僕は新たに新設された新価値創造室（略して**カソウ室**）に配属されている。その中でもマネージャーの長楽さんが率いるチームに入り、とにかく新しいプロダクトを生み出すことがミッションになっている。同時に、カソウ室長楽チームに配属されたのが十二所さんの他に、もう2人。デザイナーの雪下さん、エンジニアの佐介くんだった。雪下さんも、佐介くんも、僕とほぼ同じ年齢だが、僕なんかより社内で高い評価を集めているようだった。送り出してくれた二階堂さんと、小坪くんもこの2人のことを知っていた。

「雪下さんも、佐介くんも、受託開発の事業部ではそれぞれもうリーダーを任されていたはずだね。」

「僕は佐介と同時期の入社だったので、付き合いが今でもあります。僕たちの年代では、一番できるエンジニアですよ。」

「雪下さんもかなりの腕利きだと聞くよ。うちの会社にはほとんどデザイナーがいないけど、経験に目をつぶれば彼女が期待のエースなんじゃないかな。」

二階堂さん、小坪くんが交互に、2人の評判を口にした。そこに、経験豊富な長楽さんがマネジメントとして入り、あの十二所さんもそのチームに移ることになる。なぜそんな強そうなチームに僕が呼ばれたのか。何よりも、なぜまた十二所さんと一緒に動かなければならないのか。

「笹目くんは、プロダクトオーナーの見習いとして行くんだよね。」

　きっと僕は引きつった顔をしていたのだろう。まるで何かフォローするように小坪くんは僕に話題を振った。そう、それも腑に落ちていない点だった。なぜ、僕がプロダクトオーナーなのか。二階堂さんも、ずれてもなさそうな眼鏡をかけ直しながら、あとを継いだ。

「こういう個性が集まるチームだから、プロダクトオーナーと言いつつ、実体としてはチームリーダーの期待があるんだろうな。それに、あの、十二所さんだからね。まず、長楽さんと合うことはないだろうね。」

　小坪くんも深くうなずく。僕と十二所さんが抜けるのだから、二階堂チームの穴は大きい……はずなんだけど、この2人からはどこか浮き足立った雰囲気を感じる。きっと、面倒な人と、その面倒を見るだけの人が同時にいなくなるので、すっきりとしているのだろう。

　そんな僕の回想を打ち破り、目の前の現実に呼び戻したのは、雪下さんの甲高い声だった。

「じゃあ、十二所さんは何をすれば良いと言うんですか？　こういうメンバーを集めて、やることはプロダクト開発じゃないんですか？」

　雪下さんに続いて、佐介くんも口を開く。

「私も、西御門さんから毎日開発だけしていれば良いと言われて、引っ張り出されてきました。まさか要件定義が先だとか言わないですよね？」

　2人とも、十二所さんの人を寄せ付けない雰囲気をものともしていない。前評判通り自信に満ちていて、物怖じしない。長楽さんも、気を取り直したようだ。2

人の肩を持つ。

「そう、俺たちのミッションはあくまでプロダクトを生み出すことだから。明日から開発を始めるよ。だからこの段階から、デザイナー、エンジニアに入ってもらうんだ。」

そして、僕たちをざっと見渡すと、僕の顔を捉えて、明らかに「あれ？　誰だっけ」をそのまま表情に浮かべた。が、一応、すぐに"プロダクトオーナー"の存在として思い出してくれたみたいだった。

「カソウ室は、二階堂のチームのように1つのプロダクトだけやっていれば良いわけではない。いくつのプロダクトを生み出せるか、が目標であり、実際プロダクトの数がKGIになっている。プロダクトオーナーの笹目くんと、スクラムマスターの十二所さんには、以前のチームと同じ調子では困るからね。」

え！　十二所さん、スクラムマスターなんだ！　よりによって、この人がスクラムマスターって……。「チーム」という言葉も概念も、とっくにどこかで穴掘って埋めてきたような人だというのに。二階堂さんが言っていたけど、おそらく、今回のプロジェクト管理ツールの立て直しで、「プロダクト開発」の知見がけっこうある、という見方がなされて、このチームの運営を期待されたのだろう。

「そうそう、アジャイルだよね。早く、安く、良いプロダクトをばんばん生み出していくことを期待していますよ。」

優しい声が突如として現われた。にこやかな笑顔を浮かべた、室長の西御門さんだった。チームのキックオフミーティングをのぞきに来たらしい。雪下さんも、佐介くんも、西御門さんに丁寧に会釈をしてみせた。長楽さんは意外にも、口をとがらせる反応をした。

「俺はアジャイルなんて信じていないですけどね。うまくいった試しがない。ただ、"ばんばん"というのは同意ですね。」

長楽さんは歴が長いだけに、もう何度もプロダクトの立ち上げに挑んでは失敗してきているらしい。二階堂さんも、長楽さんがプロダクトをまともに立ち上げ

て運営しているのを見たことがないと言っていた。小坪くんが言うには、西御門さんも同じらしく、もう3テーマ連続で失敗しているらしい。二階堂さんのプロジェクト管理ツールなんて、ぜんぜんうまくいっているほうなんだ。西御門さんの下では、テーマが失敗するたびに、そのリーダークラスが静かに更迭されている。

「まあ、ということで、そろそろ、何をつくるのかみんなに言ってあげてよ、長楽さん。」

「ええ、わかっていますよ。みんな、このバックログリストを見てくれ。」

　そう言って、長楽さんはバックログリストという名のどう見ても機能一覧を、手近にあったモニターに映し出した。機能名と、その概要がかなり詳細に書き連ねられている。きちょうめんな性格なのが一目でわかった。

　さらに、長楽さんが映し出したのは、スプリントと書かれたラベルに対して、先ほどの機能が緻密に並べられているスケジュール表だった（**図5-1**）。第1スプリントから第10スプリントまで、機能がびっしり埋め込まれている。中には「テスト」とだけ書かれたスプリントも存在している。もっと言うと、スプリントの長さが一定になっていない。第1スプリントから第3スプリントまでは2週間。その後は3週間、3週間、4週間、さらに3週間に長さが戻る、と一定になっていない。

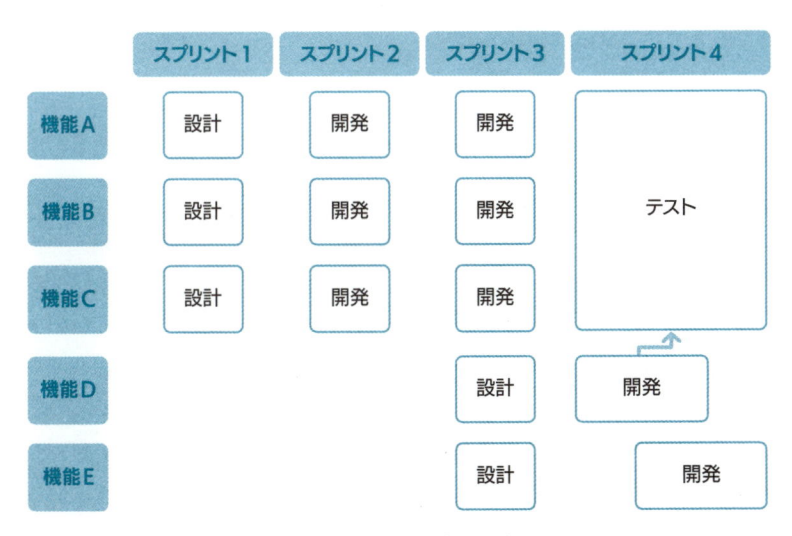

図5-1 不吉なスケジュール表

　もう嫌な予感しかしなかった。きっと、長楽さんはアジャイル嫌いなのだろうし、ろくにアジャイルを学んできているわけでもないのだろう。さすがにこんなスケジュール表を見れば、僕にでもその判断はつく。助けを求めるように、雪下さんと佐介くんのほうを見たが、さっそく2人はどうやって取り掛かっていくかの作戦を練り始めている。その様子に満足したのか、西御門さんの姿はもうない。少しの間を挟み、雪下さんがついに意を決したように発言した。

「あの、長楽さん。」

　そうだよ、雪下さん。きっと疑問をぶつけてくれるんだよね。

「デザインに関するワークがまったく入っていません。」

「ああ、ごめんごめん。俺、デザイナーじゃないからさ。いつも忘れてしまうんだ。さっそく、このスケジュール表に書き加えておいてよ。開発リードは佐介くんにお願いするつもりだけど、そっちはどう？」

「大丈夫です。早めに構想が見えて良かったです。淡々とやるだけです。」

「オッケー。プロダクトオーナーの笹目くんには、さっそくチームのミーティングをみんなの予定にセットしておいてほしい。」

　僕は目の前の展開にあっけに取られるばかりだった。プロダクトオーナーなんて名ばかりなんだろう。長楽さんからしたら、僕はアシスタントという感じなのだ。

「笹目くんがリーダーみたいなもんだから、進捗確認は頼むよ。毎日報告して。もちろん、チャットでも良いから。ただ、スケジュール表の更新は頼むね。」

　ああ、もう限界だ。僕がそう声をあげようとした瞬間、代わりに待ち望んだ声が聞こえた。

「この企画の"勝ち筋"はどこにあるんだ？」

もちろん十二所さんだ。一瞬の静寂のあとに、長楽さんがうっすらと笑いを浮かべて応じた。

「勝ち筋？　それは……これまでの新規事業活動の結果からだ。まず今回のテーマの"業務委託の進捗の可視化ツール"は、これまでの数々の新規事業開発プロジェクトで問題となった、外部に委託した際の進みがわからなくなる問題。進捗の"見えない化"を解決するためのものだ。」

　そう、テーマは外部への業務委託、特にフリーランスや副業のメンバーに仕事を依頼した際に、進捗を見失ってしまうという課題を扱うことだった。確かに、僕らの仕事はずいぶんとオンライン化が進んだものの、一緒に組む相手によっては状況の表明が弱く、何が起きているかわからないということがよく起きる。個人とのやりとりとなればなおのこと、相手次第のところがあった。複数のプロジェクトを同時に見ていかなければならないマネージャーともなればその課題感も強くなるのだろう。

「プロダクトとは、問題と解決状態の一致を作るための存在だ。だから、問題が確かに存在し、解決に値するものでなければ成り立ちもしない。」

　一瞬何を言っているかわからなかったのは、僕だけではないだろう。長楽さんも少しだけ考える間を挟んだのち、十二所さんに対抗した。

「さっき言っただろう。すでに、これまでのプロジェクトでこの手の問題は何度も経験してきたことだ。外部に依頼すると、進捗がわからなくなる。法人ではなく個人が相手だとなおさらだ。問題は確かに存在する。」

　十二所さんはモニターに映し出された機能一覧を一瞥し、まるで挑発するように長楽さんに応じた。

「じゃあ、この機能があったら、進みを"進んで"明かしてくれるようになるのか？」

　長楽さんは少し言葉を詰まらせた。細かく機能を洗い出しているものの、問題に対して本当に機能するのかどうかはわからないのだと思う。問題は実体験としてあるものの、どのように解決するかまで実証できているわけではないからだ。

「進捗を報告する手間を限りなく減らすことで、見える化は進むはずだ。この企画では、UX（ユーザー体験）が極めて重要になる。だからこそ、デザイナーにも早い段階から入ってもらう。」

　長楽さんに指名されて、雪下さんはまんざらでもない感じでうなずいてみせた。だけど、僕の中ではもやもやした感覚がさらに増幅し始めていた。ユーザー体験が大事なのはもちろんわかるけど、そもそも手間としか感じていない進捗報告をただ促すだけでは、ハードルの高さが変わっていない気がする。いろいろと準備されているようだけど、思っていたよりも長楽さんの見立ては粗い気がする。

　十二所さんは、やりとりに取り残されてやや緊張した表情をしていた佐介くんに目を配り、おもむろに話を振った。

「君は、このプロダクトができあがったら使うのか？」

　想定ユーザーは、自分の腕を頼りに仕事を請けるようなエンジニアになる。佐介くんを疑似的にユーザーと見立てて、意見を求めたのだ。雪下さんと違って、佐介くんはいきなり振られてあわてたように機能一覧をあらためて見直した。

「……まだ、あまりイメージはわかないです。」

　素直な意見だった。それはそうだ。想定している機能では、結局自分で進捗を申告しないといけないのには変わりないのだ。継続的に利用することになるのか、機能一覧を見ていてもわからない。正直に答えた佐介くんを、しかし、十二所さんは容赦しない。

「なぜ、自分でも使うかどうかわからないものを、いきなり作ろうとするんだ？」

　佐介くんにもう返せる言葉は残っていない。絶句する佐介くんをよそに、十二所さんは長楽さんに言い放った。

「捉えている問題の解像度が粗すぎる。進捗がわからないのはマネージャー、発注者側の切実な問題だが、受託するエンジニア側の関心や優先度は別のところにある。」

そうか、想定している機能が長楽さんと同じマネージャー、発注側の立ち位置に寄りすぎているんだ。エンジニア、受託側に関してはせいぜいUXでどうにかする、くらいの手当てしかない。だんだん、長楽さんのいらだちが高まっているのがわかる。語気荒く、反発した。

「これは発注側に売り込むプロダクトだ。まずは、発注側の機能を優先で行くと決めている！」

　十二所さんは、うんざりとした表情を隠そうとしなかった。眉間に寄せたしわが深まっている。二階堂さんチームにいた頃も横柄な態度だったけど、あの頃よりさらに遠慮がない。明らかに不快感を示していた。

「もう一度言うが、プロダクトとは問題と解決状態の一致を作るための存在だ。真の解決状態を作り出すためには、適切に問題自体を捉える必要がある。この機能一覧では何も解決しない。問題とそのための解決策、その解像度を上げるために仮説検証を行なうべきだ。」

　突っ込みを入れられて元気をなくしていた佐介くんが反応した。

「仮説検証というのは、何ですか？」

「誰にどんな問題があるのか、そして問題を適切に解決する手段とは何か、それぞれについて仮説を立てる。そして、その確からしさを得るために検証活動を行なう。プロダクトを作るのはそのあとだ。」

　十二所さんの説明に、長楽さんは強く反発した。

「そんな時間をかけている暇はない！　このチームのミッションはいかにプロダクトを次々と生み出せるかだ。すぐにでも作り始めたい。それこそがアジャイルなんだろう!?」

　その言葉に正面から反応することなく、十二所さんは手近にあったホワイトボードになにやら線表を引き始めた。かなりラフに書きなぐっているため、読み取りづらい。かろうじて読み取れたのは、最初の1週間で仮説を立てる、次の2週間

で想定ユーザーへのインタビューを行なう、最後に結果を分析する、というものだった。仮説検証の具体を示すものなのだろう。

「1か月だけでいい。」

　短いセンテンスに、有無を言わさない強さを感じる。もう多くを語る気はないのだろう。確かに、ここまで粘るのは十二所さんにしては珍しいくらいだ。たぶん、以前の十二所さんだったらさっさと自分一人でやるのを選んで話を打ち切ってしまっていただろう。

　ふと、十二所さんが僕を見ているのに気づいた。あ、何かを期待している。そんなに長い付き合いではないけど、そのしぐさから何を考えているのか、ちょっとだけ想像がつくようになっていた。

「賛成です。まだ、必要な機能が見えていない気がします。」

　即座にそう答えて、僕は佐介くんのほうを見た。佐介くんはいきなり視線を送られてぎょっとした様子だったが、察しよく反応してくれた。

「私も、同じ意見です。先ほど言った通り、確かにイメージがまだわいていません。」

　佐介くんは、ちょっと迷いはあるものの、自分が感じたことに嘘はつけない、といった雰囲気だ。一方で、雪下さんは何も言わず黙っていた。YesでもNoでもなく、静観を決め込んでいるようだった。3人が同じ主張をしたため、さすがの長楽さんも受け入れざるをえなかった。

「わかったよ。じゃあ、1か月だけ、その仮説検証をやるならやれば？　何をするのか、どうやるのかとかは、十二所くんが責任もってやってくれよ！」

　捨てぜりふそのものを言い放って、詳細は十二所さんに押し付けたかたちだ。しかし、1か月で果たして何ができるのだろうか。さっきの「問題とは何か」「解決策は何か」なんて難しい問いに答えることができるのだろうか。

　キックオフミーティングが解散したあと、当然ながら僕は即座に十二所さんを捕まえた。いろいろと質問をぶつけようとする僕を察して、こちらが何かを言う前に十二所さんは面倒くさそうに「わかってる」とだけ言った。詳しい進め方はこれから説明していく、と言外ににじませながら。そんな僕たちのやりとりを少し離れて見ていた佐介くんが声をかけてきた。

「私も、仮説検証活動に加わらせてください。」

　長楽さんにああ言った手前、自分も活動にコミットメントしたい、ということだった。僕は、十二所さんと2人でやる羽目になるだろうと思っていたから、真面目な佐介くんの申し出が嬉しくなって、少し気持ちが高まった。僕は明るい声を十二所さんに投げかけた。

「最初はどうなることかと思いましたが、これでもくろみ通りやれそうですね。」

　はしゃぐような僕の声に、十二所さんは冷たい表情を向けた。

「ひどい楽観だな。新たなプロダクトを作っていくには、**“3つの罠”** がある。これは入り口にすぎない。」

　相変わらず人に冷水を浴びせるのを何とも思っていない、十二所さんの冷笑めいた反応に僕は佐介くんと顔を見合わせた。彼の顔を見て、不安を確かめ合える仲間ができたことが確認できた。それだけが僕にとっての安心材料と言えた。

解説　価値の探索における3つの罠

　第2部で扱う状況はより探索的と言えます。今あるものを「改善」するのではなく、そもそも誰のどんな課題をどう解決するのか、から始めます。第1部で示した探索と検証の4象限のうち、いよいよ左側をたどっていく段階になります（**図5-2**）。

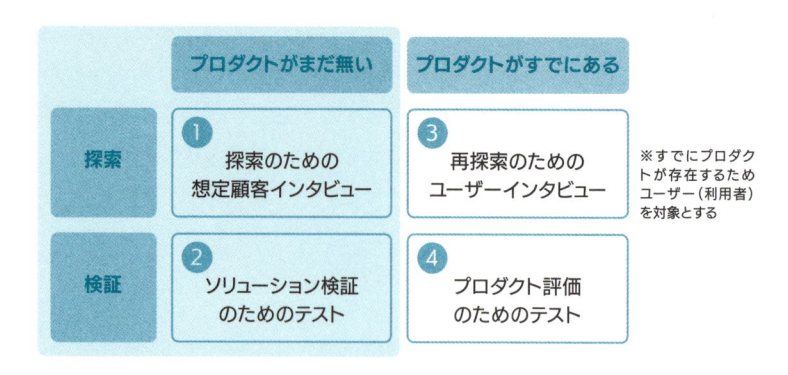

図5-2 状況による探索と検証の具体的な方法（4象限）[図2-3再掲]

一番初めに考えることは、ストーリーで示した通り「問題の設定」と、その「解決策の検討」この両者です（**図5-3**）。

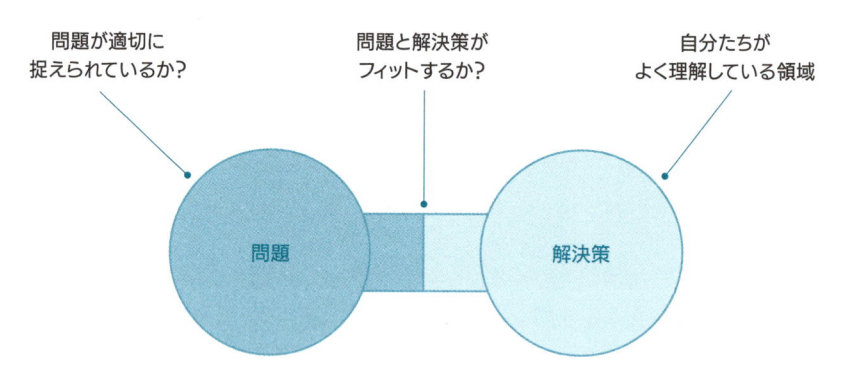

図5-3 問題と解決策が一致しているか

この構図では、当然左側の「問題」から考え始める必要があります。解くべき対象が間違っているようでは、いくら右側の「解決策」を講じたところで意味をなさないためです。ところが、解決策の検討こそが日々やるべきことであり、右側の領域には習熟しているが、左側についてはどう捉えていくか、経験も知識もないということが珍しくありません。

逆に左側に設定する問題がそれまでの経験と勘による決め打ちで、あとは解決ありき、となっているような場合もかなり危ういと言えるでしょう。扱う問題領域の新規性が高くなるほどに、それまでの経験が通用しなくなる可能性が高まり

ます。本来は新たに問題周辺の情報を集め、状況を理解することから始めなければなりません。

これはプロダクトづくりに限ったことではありません。マーケティングやセールス、その他社内向けの施策であっても、扱う問題領域が新たであるならば状況の把握、そして「仮説」の立案から始めることになります。

こうした前提を置き去りにしてしまった場合に起きる、3つの罠について説明しておきましょう。

1 答えありきで、いきなり作り始めてしまう（「前提が問えていない」の罠）
2 想定する顧客やユーザーの声を、そのまま答えと捉えてしまう（「顧客が正解」の罠）
3 モノができたら、いきなり本格展開を始めてしまう（「完成＝本番」の罠）

第2部では、残り3つの各章で1つずつこれらの罠をどう乗り越えていくのかを扱います。

1 答えありきで、いきなり作り始めてしまう（「前提が問えていない」の罠）

本章で示した通り、なぜか正解がわかっている前提で解決策（プロダクト）を作り始めてしまう状況です。先に述べた通り、「解くべき問題が適切なのか」という問いにしっかり向き合えていないために起きる問題です。これまでの仕事の取り組み方、つまり解決策をいち早く作り、提供することが正しい、というメンタリティの下では容易に起きうることです。「自分たちは本当に問題について理解できているのか」を問い直すことから始めましょう。

- そもそも何を解決するのか、問題がわかっているか
- 対象とする問題解決が価値につながると判断しているのは、どのような事実に基づくものか
- 選択する解決策が適切であると判断しているのは、どのような事実に基づくものか

「問題とは何か」を置き去りにして、とにかく解決策の構築に走ってしまっている状況は実際にはよくあることです。「何を解決すれば誰にとっての価値になるの

か」がわかってるかどうかは、何をするにしても行動の根幹にあたるところです。解くべき問題があいまいになっている、言語化できずにいるのであれば、問題の「探索」から始めることになります。

　実は「問題が何かわかっていない」という状態は十分にありえる、というかここから始めなければならないことが大半です。よほどすでに熟知している領域でなければ、適切な問題設定ができているのか問うことから始めなければなりません。2つ目の問いで、「問題解決が価値につながると判断する根拠」を求めるのは、思い込みによって問題設定を行なっていないかを点検するためです。

　では、問題は取り組むに値するとして、その解決策の適切さまで確かに判断できるのか。3つ目の問いは、解決策の適切さを問うためのものです。ストーリーでも、確かに発注者として主体的に問題を捉えられてはいるが、受託側の課題が抜け落ちており、結果的に解決策が不十分である、という流れが示されています。

　こうした問いに向き合いながら、「仮説」を立てていきます。問題と解決策、それぞれについて現時点で把握している事実とその理解に基づき、「こう言えるはずだ」と置く、あくまで仮の説です。そして、仮説をそのままにして進めていくわけにはいきませんから、「仮説検証」に取り組んでいく、という動きを取っていくわけです。第6章で、仮説立案をどのように行なうかについて扱います。

② 想定する顧客やユーザーの声を、そのまま答えと捉えてしまう（「顧客が正解」の罠）

　仮説検証によって仮説の確からしさを得ようということで、想定する顧客やユーザーの声を聞きに行く。主旨としては合っていますが、検証によって直接的に得られる顧客の声をそのまま鵜呑みにして、解決策に仕立ててしまうということもよくあることで、留意が必要です。「顧客の声を鵜呑みにするべきではない」という教え自体は、広く普及していると思われますが、そう理解していても、結果的に顧客の声そのものによって解決策を作り上げてしまっている、というのはよくあることです。

　想定顧客から寄せられる声には、自分たちが知らないこと、わかっていないことが多分に含まれており、実に学びがいがあるものです。「そういうことだったのか！」と、検証者にとってはアハ体験に近い、興奮すら感じることがあります。

それだけに、「正解を得た」というバイアスが働きやすくなるのです。

顧客の声から直接的に判断を下す前に、必ず、**「なぜ、それが解決するべき問題と言えるのか」「なぜ、その解決策が有効と判断できるのか」**に立ち返りましょう。そして、検証のリアリティを高めていくことで、より現実的な反応を得ていくようにする。この段階的な仮説検証については、第7章で扱います。

3 モノができたら、いきなり本格展開を始めてしまう（「完成=本番」の罠）

仮説検証を繰り返し実施し、解決するべきことは何か、どのように解決するか、という左右の整合が取れていったとします。その結果、解決策の具体的な「かたち」としてプロダクトが姿を見せるようになり、実際に見たり動かしたりができるようになるわけです。

具体的なモノが見えるようになることで、プロダクトづくりの状況としては最もわかりやすくなります。「なるほど、こういうプロダクトを自分たちは作ろうとしていたのか」と、チームも関係者も、具体を通じて、その理解を深めることになるのです。しかし、このわかりやすさが別の誤謬（思い違い）を招いてしまうところがあります。いきなりプロダクトの利用を広めようと本格展開を始めてしまう、あるいはそのプロダクトを前提としたビジネスを始めてしまう、といった事態です。

関係者がその気になり、施策や事業に乗せようとし始めると、それを支える収支計画、事業計画といったものがさっそく現われ始めることになるでしょう。計画ができれば、それを達成する期限と体制も伴います。体制ができれば、もちろん実行に突き進むほかありません。こうして、モノが見えてくると状況が勝手に進んでしまう問題が起きやすくなるのです。

実際には、動くプロダクトができてきたとしても、まだ検証段階にあるのです。こうした実地の検証のために最初に構築するプロダクトのことを「MVP（Minimum Viable Product）」と呼びます。まだ、仮説の検証段階であって、事業・施策の実施段階ではないのです。このあたりの誤謬については、第8章で扱います。

仮説検証のための「進め方仮説」を立てる

こうした3つの問題（罠）をこれから乗り越えていくわけですが、次の章に移る前に、ストーリーで示していた仮説検証のプラン作りについて解説しておきましょう。ここで立てるプランとは、進捗管理のためのスケジュールではありません。あくまで、進め方・作戦を言語化、イメージ化したもので、進め方の仮説と言えます。この考え方はすでに第3章で示しましたね。ここでは仮説検証活動についての「**進め方仮説**」の立て方を手にしましょう。

これから始めるのはあくまで仮説検証ですから、「その通りにできているかどうかを管理するためのスケジュール」は主旨が合いません（**図5-4**）。仮説を立て、検証し、その過程と結果を踏まえて次の判断をする、という繰り返しです。固定的なスケジュールを前提に進捗管理を強固に行なう進め方とはまったく異なります。ここで必要なのは、あくまで「何を狙ってどのように、どのくらい進めるのか」の可視化です。

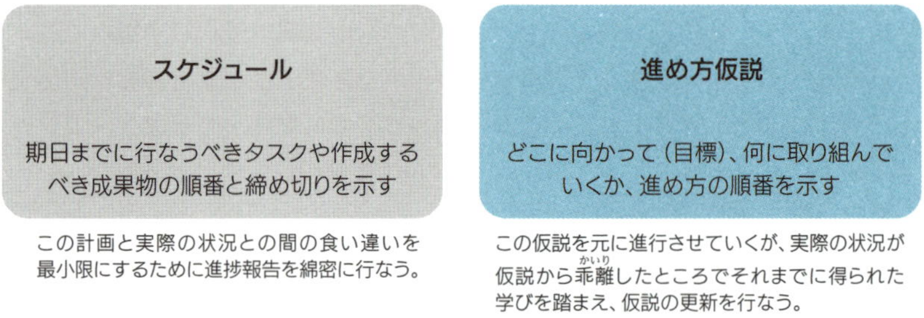

スケジュール	進め方仮説
期日までに行なうべきタスクや作成するべき成果物の順番と締め切りを示す	どこに向かって（目標）、何に取り組んでいくか、進め方の順番を示す
この計画と実際の状況との間の食い違いを最小限にするために進捗報告を綿密に行なう。	この仮説を元に進行させていくが、実際の状況が仮説から乖離したところでそれまでに得られた学びを踏まえ、仮説の更新を行なう。

図5-4 スケジュールと進め方仮説の違い

なぜ、進め方の仮説の可視化を重視するのでしょうか。「仮説検証」というプランを適宜組み替えていく活動だからこそ、意図と方針を見えるようにしておく必要があるのです（**図5-5**）。進め方の仮説が誰かの頭の中にしかない、あるいはチームメンバーや関係者それぞれで違っているという状態では、チームとしてまとまって動くのにはムリがあるでしょう。活動の機敏性や的確さを高めていこうにも困難でしかありません。

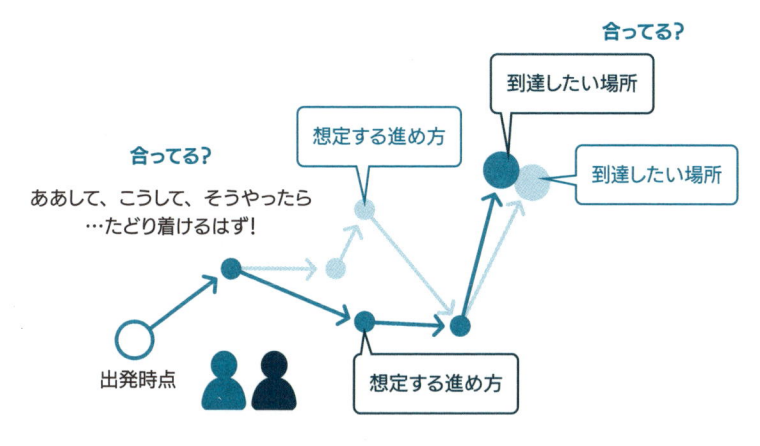

図5-5 進め方は一致しているようで合っていないことが多い

　しかも、仮説検証が進むにつれて活動の意図と方針は変わっていくことがあります。「最初に想定していた課題ではなく別のところに課題がありそうだから、そちらの検証をしなければならない」だとか、「インタビュー検証で一定の評価が得られたから早々にプロトタイプ検証に移ろう」など、やることを細かく変えていくことになります。こうしたときに進め方が可視化されていなければ、誰かの頭の中は古い意図のまま、前の方針のままということが起きえてしまいます。繰り返しですが、進捗管理ではなく進め方を整合させるために可視化を行なうのです（**図5-6**）。

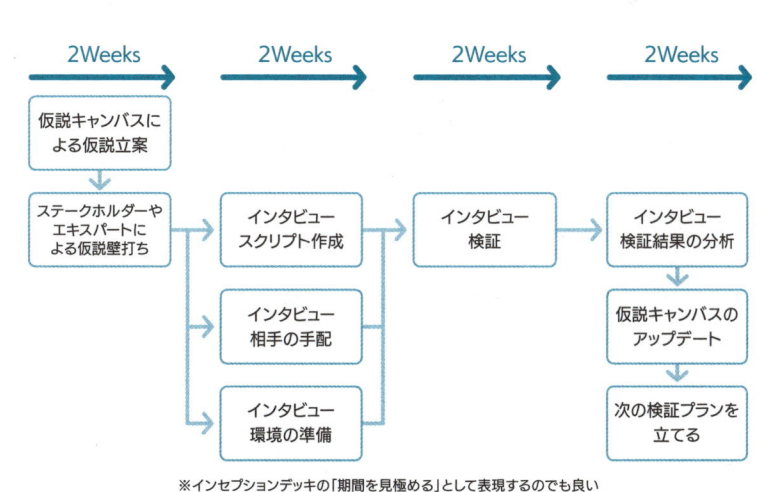

※インセプションデッキの「期間を見極める」として表現するのでも良い

図5-6 線表（進め方の仮説）

進め方の仮説の有用性をまとめておきましょう。

1. チームとしての意図と方針を合わせられるようにする（チーム内での透明性）
2. チームの外部、関係者と意図と方針を合わせられるようにする（チーム外への透明性）
3. 進め方自体の検査適応を行なえるようにする

1 チームとしての意図と方針を合わせられるようにする（チーム内での透明性）

　何を目指して、どのくらいの時間をかけて、主に何をするのかをチームで合わせられるようにします。ここで、何を目指すのか、を決めるにあたって何らかの基準がほしいところです。プロダクトづくりの場合は、CPF、PSF、PMFがこの基準にあたります[1]。3つのFit（整合性）を得ることを目指して、何をどのくらい行なうのかを組み立てることになります。このFitという基準がプロダクトづくりの指針を定める手がかりとなります。第2部で順を追って解説していきます。

2 チームの外部、関係者と意図と方針を合わせられるようにする（チーム外への透明性）

　1の内容をチームの中だけではなく、チームの外部、関係者とも合わせるために進め方仮説を用います。プロダクトづくりというどこかえたいがしれない活動は、チーム外の関係者には何がどう進んでいくのか見えづらく、不安を引き寄せてしまうことがあります。そうした不安がチームに対する外部からのマイクロマネジメントを強めてしまう要因にもなりえます（過度な進捗確認や内容に対する指示など）。仮説検証をどのように行なうのか、という意図方針を明示しておくことで、その活動の透明性を高め、チームと周囲とのコミュニケーションが取りやすくなる状況を作ります。

3 進め方自体の検査適応を行なえるようにする

　進め方が可視化されているからこそ、「このままの仮説で進めて良いのか」「これまでの活動を踏まえると次の検証は変えたほうが良いのではないか」といった検査と適応の判断が取れると言えます。何をどういう意図で進めていくのかがあ

---

[1]　CPF（Customer-Problem-Fit：顧客と課題の適合度合い）、PSF（Problem-Solution-Fit：課題と解決策の適合度合い）、PMF（Product-Market-Fit：プロダクトと市場ニーズの適合度合い）。

いまいになっていると、適宜適応しようにも、そのタイミングは不定期の思いつきになりかねません。**プロダクトだけではなく、進め方自体も検査適応の対象となる**のです。後述するように、仮説検証の段階でもタイムボックスを適用し、検査適応の機会を設置するようにしましょう。

仮説検証をスクラムで運営する

次に、進め方仮説を元にどのように仮説検証活動を運営するのか示します（**図5-7**）。

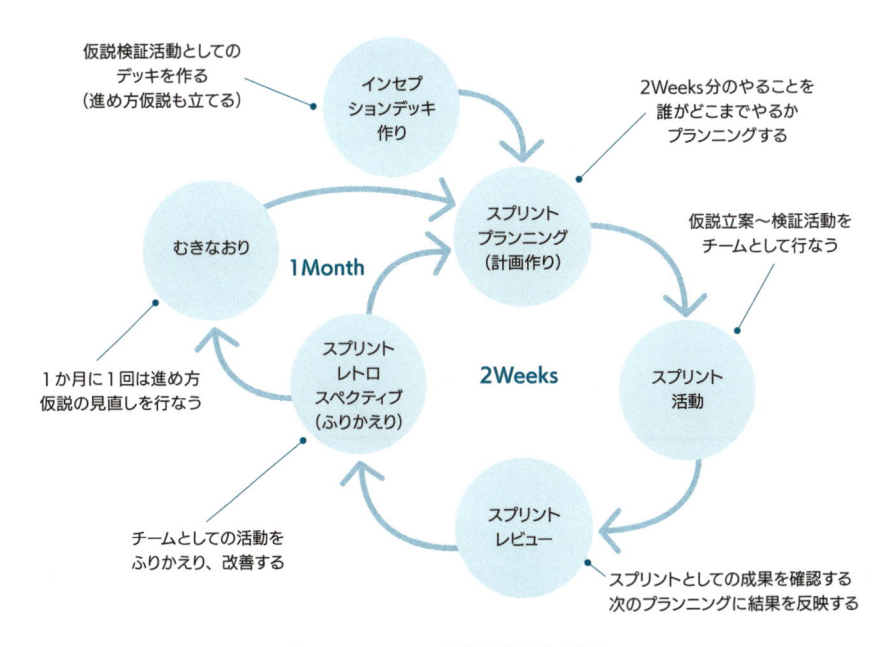

仮説検証活動としてのデッキを作る（進め方仮説も立てる）

2Weeks分のやることを誰がどこまでやるかプランニングする

仮説立案〜検証活動をチームとして行なう

1か月に1回は進め方仮説の見直しを行なう

チームとしての活動をふりかえり、改善する

スプリントとしての成果を確認する次のプランニングに結果を反映する

図5-7 スクラムで仮説検証活動を営む

重要な点なので繰り返します。進め方仮説はスケジュールではありません。何をどのくらい行なうのかの「目処感（見通し）」を表わすものです。実際のチーム運営には、スクラムのフレーム（枠組み）を適用します。つまり、何をやるべきかをバックログとしてかみくだき、スプリントごとに誰が何をやるか決めて進める。スプリントの活動を終えるところで、活動結果を捉え直し、次のスプリントへの適応を行なう。最後にふりかえり、むきなおりを交えることで、チーム活動の改善と方向性のかじ取りができるようにします。

　仮説検証の段階からスクラムを適用するのは、先に述べた通り仮説検証においても「透明性」「検査」「適応」が要点となるためです。具体的には2つの狙いがあります。

1 チーム運営のベースにする

　仮説検証が進むにつれてインタビューに向けた準備やプロトタイプの制作など、タスクが多岐にわたり、複雑化していきます。チームで分担したり、協力していったりするために、スプリントプランニングにあたる計画作りが必要になります。むしろ、やることが複雑になっていく中でも、そのことに気づかず、適当なチーム運営を続行してしまっているのはよくあることです。チーム運営のベースがないままでは、分担や協力がうまく機能せず、活動が活性化しません。

　ただし、仮説検証の初期段階ではそれほどタスクが多くもなく、スクラムをそのまま適用することにオーバーヘッドを感じることがあります。特にスクラムの実践そのものに慣れていない場合は、型にはまるところで時間がかかり思うように進まない感覚が強くなるでしょう。最初の段階（プロトタイプ制作を行なう前あたり）では、見える化、ふりかえり、むきなおりに絞るのも一案です（**図5-8**）。

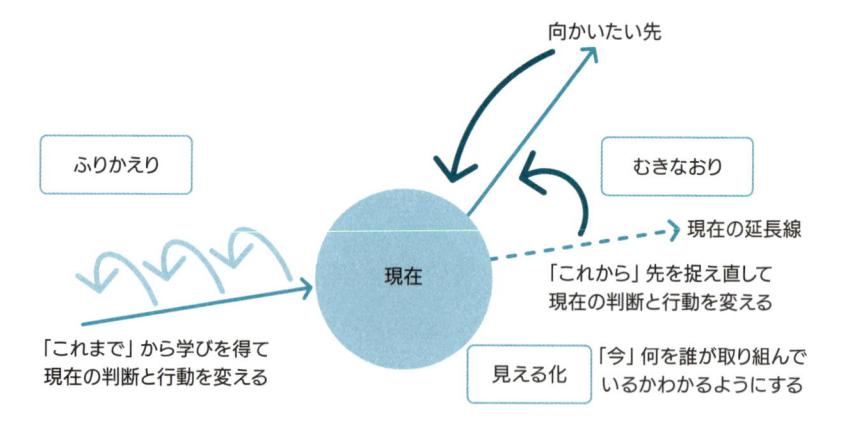

図5-8 見える化、ふりかえり、むきなおり

2 仮説検証における検査適応を担保する

　仮説検証段階でスクラムにこだわるのは検査適応の機会を生み出すためです。確実に検査適応を活動に織り込むためには、対応するイベントを設置しておくことです。スプリントレビューで活動結果を眺め直し、次に行なうべきことの判断を

行なえるようにする。場合によってはその後のむきなおりで進め方仮説自体のアップデートを行ないます。

　一方で、スクラムの適用が重たくならないように、アジェンダは工夫するようにしましょう。プロダクト開発とは異なり、毎回のスプリントでまとまったアウトプットなどがあまりない、検証結果が揃わない、ということがありえます。状況確認だけ短時間で済ませてミーティングを切り上げる、あるいはスプリントレビューからプランニングまで通しで行なうことで、全体のミーティング時間を減らすことも考えられます。

　仮説検証の段階からスクラムの動きを取っていくことで、仮説を磨いていくのはもちろんのこと、チーム自体をビルディングし、機能的にしていく。プロダクトもチームもいきなり生み出され、一足飛びに成長するわけではありません。検査適応を重ねることで、成長の機会を作り出すことができるようになるのです。

第 **6** 章

誰かの勘と経験と勢いではなく、仮説検証を拠りどころにする

STORY

仮説に置いていることはなに?

（この資料説明は、いつ終わるのだろう……）

　自然ともれ出てしまった僕のため息が、誰かの耳に届くことはなかったようだ。僕だけではなく、チームのみんなにも完全に集中力が途切れた雰囲気がただよっている。延々と続く、長楽さんの資料説明はすでに40分を超えている。

　これから始める仮説検証のために企画のオーナーである長楽さんがまずは仮説を立てるということで、その中身をみんなで聞くことにしたのだけど……。めくってもめくってもプレゼンテーション資料が尽きる気配はない。当の長楽さんは自分の説明にまるで自分で聞き入っているかのようだった。外部委託を巻き込んだときのプロジェクト運営がいかにうまくいかないかを自分の半生を語るようにしんみりと話している。この状況を打ち破ったのは当然のごとくあの人だった。

「こちらが聞きたいのは仮説だ。いつになったら仮説を教えてくれるんだ。」

　40分も彼が黙って聞いていたのが意外すぎた。十二所さんも大人になってきたということなのだろうか。以前は時も相手も選ばず、ばっさばっさと切り捨てていたというのに。一方の長楽さんは目を丸くした。

「今までの話聞いてなかったのか？　ずっと説明していただろう。」

「資料が多すぎて、どこまでが背景説明で、どこからが仮説なのか、聞いているほうはわからない。わからないからこそ話が終わるのを待ったが、このミーティングの予定時間を半分消化しても終わらなかった。」

　長楽さんがまったくムダなことを話しているとは思えないからこそ、みんな聞いていたわけだ。ただ、情報量が多すぎて、どこが要点になるのか聞けば聞くほどわからなくなっている。雪下さんがため息を1つついて、助け舟を出した。

「エレベーターピッチとか、何かフレームで表現したらどうでしょう。」

　エレベーターピッチとは、短く簡潔に、それでいて相手に本質が伝わるように構成された一文、二文のフレームのことだ。デザイナーらしく、この手の情報整理には引き出しを色々と持ち合わせているようだった。その言葉に反応して、十二所さんはおもむろに自分の端末に画面共有を切り替えて、1枚の表を示した（**図6-1**）。

「仮説を語るのにスライド100枚も要らない。要点を表わすのは**仮説キャンバス**1枚だ。」

　興味がわいたのだろう、雪下さんが説明を求めた。

「エレベーターピッチとか、他のキャンバスとはまた違ったフレームのようですね。」

「おいおい説明していくが、仮説を捉えるうえで重要なのは、その中身以上に"**構造**"だ。」

目的			ビジョン		
われわれはなぜこの事業をやるのか？			中長期的に顧客にどういう状況になってもらいたいか？		
実現手段	**優位性**	**提案価値**	**顕在課題**	**代替手段**	**状況**
提案価値を実現するのに必要な手段とは何か？	提案価値や実現手段の提供に貢献するリソースが何かあるか	われわれは顧客をどんな解決状態にするのか？（何ができるようになるのか）	顧客が気づいている課題やニーズに何があるか	課題を解決するために顧客が現状、取っている手段に何があるか？（さらに現状手段への不満があるか）	どのような状況にある顧客が対象なのか（課題が最も発生する状況とは）
	評価指標		**潜在課題**	**チャネル**	**傾向**
	どうなればこの事業が進捗していると判断できるのか？（指標と基準値）		多くの顧客が気づいていない課題、解決をあきらめている課題に何があるか	状況に挙げた人たちに出会うための手段は何か	同じ状況にある人が一致して行なうことはあるか
収益モデル			**市場規模**		
どうやって儲けるのか？			対象となる市場の規模感は？		

図6-1 仮説キャンバス

なるほど、確かにこのキャンバスの上で記述内容がちゃんと整合しているかどうかを見ようとすると、かなりいろんな角度から考える必要がありそうだ。状況と課題が合っているのかとか、提案価値と実現手段が合っているのかとか、1つのエリアに対して他のエリアが合っているかを俯瞰的に見ていく必要がある。エレベーターピッチも中身を簡潔に表わす分には良いが、検討が十分なのかどうかを判断していくには観点が足りないのだろう。

僕たちは急きょ、十二所さんが示した仮説キャンバスを埋めていくことにした。何しろ仮説検証の期間は1か月しかない。「では、このキャンバスを長楽さんに埋めてきてもらって、また1週間後にお会いしましょう」なんて時間はない。長楽さんから話を聞き出しながら、この場で埋めていくより他の選択はなかった。

主に、十二所さんが長楽さんに質問を投げかけ、同時並行で雪下さんと佐介くんがキャンバスを埋めていく。これで、100枚分の資料から順調に移行できると思いきや、思わぬところで立ち止まりがあった。

「進捗登録が簡単にできさえすれば、委託メンバーも毎日報告をあげてくれるようになる。」

「……それは何の根拠から言えることなんだ？」

「根拠？　これまでの経験かな。今までのプロジェクトを思い起こせばわかることだ。」

「想像と事実は違う。」

　そう言うと、十二所さんはキャンバスに書き出す際には、「想像」なのか「事実」なのか切り分ける必要があると宣言した。それまでの経験から言えそうではあるが、あくまで想像の域を出ないもの、実際に事実として目の当たりにしたもの、その両者を混在させると、何を前提として置けて、何が仮定なのかがわからなくなるというのだ。

「前提に置くのが事実であり、想像はあくまで"こうだとしたら"という仮定にすぎない。」

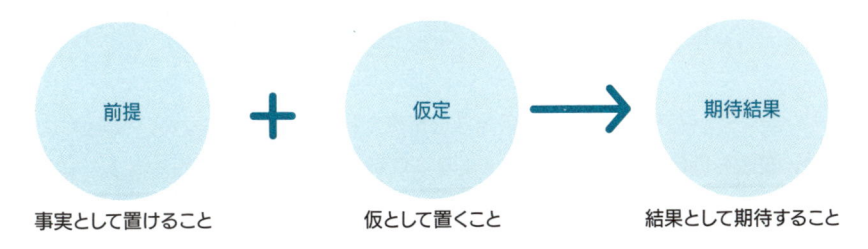

前提	仮定	期待結果
事実として置けること	仮として置くこと	結果として期待すること

各要素に問いかけて磨く
- 仮説が成り立つために、前提に置いていることは何か？
- その前提は事実としてわかっていることか？（仮定ではないか？）
- 仮説が成り立つために、仮定として置いていることは何か？
- その仮定を証明できれば、仮説が成り立つと言えるか？

図6-2 仮説の基本構成

　仮説を構成する、前提・仮定・期待結果それぞれ捉え方が違う。この3つの解像度が低いようだと、ぼやっとした「こうであるはず」というあいまいな仮説しか立たない。もちろん、最初は仮説の成り立ちは甘いものだ。だが、プロダクトづくりを進めていくうえでは徐々に前提に置ける事実を増やしていく必要がある。さもないと、「こうあってほしい」という願望に基づくしかなく、当然のことながら結果はおぼつかない……いずれも十二所さんのレクチャーだった。

僕をはじめ、雪下さんも佐介くんも、これが初めての仮説作りだから、知らないことだらけだった。仮説キャンバス作りは十二所さんによる講義のようになってきた。それが面白くなかったのだろう、長楽さんは徐々に口数が少なくなっていった。

　次第に、僕らも「正解は長楽さんが持っている（から聞き出そう）」ではなく、「事実と想像を切り分けて、自分たちで仮説を立てる」に切り替わり始めていた。結局、ほとんどのことが想像だったのだ。それなら**自分たちにもこれまでの経験から言えることがある**、と気づいてきた感じだ。

　最初はいつまでたっても閑散としていたキャンバスだったけど、僕らがあれこれと発散し始めたことで、あっという間に言葉で埋め尽くされていった。もちろん、長楽さんの最初の説明や、その延長にある範囲で書き出しているので、企画から大きく外れるようなものにはなっていない。それだけに僕らは、できあがってきたキャンバスを長楽さんも認めてくれるだろうと思っていた。ところが長楽さんはいよいよ面白くないらしく、不自然なほど口を開かなくなってしまっていた。そんな様子を見て、十二所さんはため息を1つついた。

「一人で作った仮説は、一人の経験とその解釈に依るものでしかない。複数人で作れば、複数の経験と解釈によって、より広げられる可能性が得られる。」

　そうか、こうやってチームで仮説を作ることにもやっぱり意義があるんだ。

「だが、それぞれが好き勝手言っていれば良い仮説になっていくわけでもない。最初に、テーマのアウトラインがあるからこそ、大ブレすることなく着地点が得られる。」

　あれ？　ひょっとして長楽さんの説明にも役割があったと暗に言っているのだろうか。信じられない思いに駆られて、僕はまじまじと十二所さんの表情を読み取ろうとした。そんな僕の視線がうるさかったのだろう、十二所さんは顔をそらした。

「……まあ、確かにみんなで作ったこの仮説キャンバス、悪いもんではないよ。俺が考えていたことが言語化されているだけだし。」

　苦々しそうに長楽さんがそう応じた。十二所さんなりの助け舟に乗った形だ。あのまま押し黙っていたら、たぶん長楽さんの面目はつぶれたままで、もうこの検証活動に関わりようがなくなってしまっていただろう。十二所さんがそんなチームワークのことまで考えているとは到底思えなかったが、長楽さん以上に苦虫をかみつぶしたような顔で十二所さんも応じた。

「キャンパ゚スではない、仮説キャンバ゚スだ。」

　あ、そこね。確かに、パスとバス、どっちだっけとわからなくなりやすい。意外なところへの突っ込みに、愛想笑いにも似た苦笑いがチームに広がった。僕らはまだまったくもってぎこちないけれども、僕はチームとしての出発を切れたような気がしていた。

解説　仮説キャンバスで仮説を立てる

　プロダクトづくりで最初に行なうことは何か。まず、仮説キャンバスで仮説を立てることです。もちろん、実際には仮説を立てようにもテーマに関するそもそもの知識が不足していることがあります。そんなときでも、その時点での仮説を言語化してみることをおすすめします。言語化しようとすると、きっとキャンバスは穴だらけ、あるいはとても浅い内容になってしまうことでしょう（ストーリーで示した通り、想像と事実を切り分けて記述しましょう）。

　最初は不完全でも良いのです。穴がある、浅くなっているところは、チームとしての理解が手薄なところなのです。まず、その手薄な箇所から何を調査するべきなのか考えることにしましょう。いきなりテーマに関する調査を手当たり次第に始めようとしても途方がありません。**自分たちが何をわかっていないかをわかる。**ここに焦点を置くことにも価値があるのです。

　さて、あらためて仮説キャンバスの各エリアについて解説していきましょう（**図6-3**）。

目的 われわれはなぜこの事業をやるのか?			ビジョン 中長期的に顧客にどういう状況になってもらいたいか?		
実現手段 提案価値を実現するのに必要な手段とは何か?	**優位性** 提案価値や実現手段の提供に貢献するリソースが何かあるか	**提案価値** われわれは顧客をどんな解決状態にするのか? (何ができるようになるのか?)	**顕在課題** 顧客が気づいている課題やニーズに何があるか	**代替手段** 課題を解決するために顧客が現状、取っている手段に何があるか? (さらに現状手段への不満があるか)	**状況** どのような状況にある顧客が対象なのか (課題が最も発生する状況とは)
	評価指標 どうなればこの事業が進捗していると判断できるのか? (指標と基準値)		**潜在課題** 多くの顧客が気づけていない課題、解決をあきらめている課題に何があるか	**チャネル** 状況に挙げた人たちに出会うための手段は何か	**傾向** 同じ状況にある人が一致して行なうことはあるか
収益モデル どうやって儲けるのか?			**市場規模** 対象となる市場の規模感は?		

図6-3 仮説キャンバス[図6-1再掲]

このキャンバスは上段と中段、下段。そして、左側、右側で大きく分けることができます。まずは、左右を比較してみましょう。右側は、ビジョンから始まり、状況、代替手段とそれに対する不満、チャネル、顕在課題、潜在課題、市場規模で構成されています。これらのエリアの主人公は企画者でも作り手でもありません。プロダクトや事業の企画であれば「想定ユーザー」や「想定顧客」にあたります。つまり、このキャンバスで相手にしていきたい「対象者」が主語となるイメージです。「ビジョン」も「課題」も、皆さんのそれではなく、**対象者にとっての**、ということです。ここをまず間違えないようにしましょう。

一方、左側は、目的、提案価値、優位性、評価指標、実現手段、収益モデルで構成されています。これらの主語となるのは企画者であり、作り手です。「目的」は企画者、企画チームにとっての狙いにあたります。

続いて、上中下の各段に目を向けてみましょう。仮説キャンバスで最も動きがあるのは中段の状況、代替手段と不満、チャネル、顕在課題、潜在課題、提案価値、優位性、評価指標、実現手段です。顔ぶれを見ればわかるように、ここでどのような課題解決を具体的にどうやって実現するのか、それによってどんな価値を誰にもたらすのかを示します。仮説検証によって、得られた発見、学びを頻繁

に反映していくことになるのは主にこの中段になります。

　上段は「（皆さんにとっての）目的」と「（相手にとっての）ビジョン」ということで、中段に比べるとやや概念的です。上段の目的やビジョンは、もちろん目指すものであり、同時に中段に対する制約となります。中段を突き詰めていくと、詳細さは際限なく高まっていきますが、それは同時に企画が狭くなっていくということでもあります。仮説検証を回し続けていて気がついたら、「やたらとニッチな課題解決になってしまっていた」、期待するような事業規模が得られず、「確かに課題解決ができて価値も見いだせるが、組織として狙っていくような内容になっていない」という状況に陥ってしまいかねません。目的やビジョンは、目先の課題解決に寄りすぎてしまうのを防ぐ前提にあたるのです。いくら中段の仮説が成り立ったとしても、目的やビジョンに近づけないのであれば、それはやろうとしていることに疑義があるということなのです。

　そして下段は、収益モデルと市場規模です。この2つは企画を支える土台のようなイメージです。いくら課題解決ができたとしても収益性がなければ持続性を担保できません。いくら対象者が具体的にイメージできたとしてもその規模感があまりにも少ないようであればやはり、事業的な行き詰まりを招いてしまいます。市場規模は、企画のポテンシャルを表わします。対象者の具体的な条件は状況で捉えることになりますが、それが市場の分類で言うとどこに属することになり、そのボリューム感がどのくらいなのかを示すのは市場規模のエリアです。そして、収益モデルではビジネスモデルと収益の見立てを示します。具体的にどのようなビジネスモデルで収益を上げていくのか、それが初年度、3年後にどのくらいの収益規模が期待できるのか、簡潔に記載します（**図6-4**）。より詳細な収益プランは別途組み立てることになるでしょう。キャンバスはあくまで端的にモデルを理解するための入り口にあたります。

目的	・いきいきとした開発現場を増やす ・事業目標：年間売上5億円		ビジョン	・"プロジェクト管理"を意識しなくなる世界	

実現手段	優位性 / 評価指標	提案価値	顕在課題 / 潜在課題	代替手段 / チャネル	状況 / 傾向
・タスク管理機能 ・他ツール連携 ・開発未経験者でも理解できるUI、ライティング ・スクラムに沿った開発支援機能	**優位性** ・これまでの数多くのアジャイル開発の経験 **評価指標** ・登録ユーザー数 ・登録プロジェクト数 ・登録タスク数	・開発経験のないPOでもヘルプ無しですぐに利用を始められる ・定番の開発者向けタスク管理ツールとの連携が可能なためツールを併用できる ・「完成の定義」等アジャイルプラクティスに対応しており、ナレッジとして活用できる	**顕在課題** ・メンバー各自の状況が見えにくい、わかりにくい ・ツールのリテラシーにバラツキがある **潜在課題** ・メンバーによって仕事の完了条件が異なり、コミュニケーションミスが多い	**代替手段** ・定番のプロジェクト管理ツールの利用→開発者とPOでリテラシーが異なり、ツールによってどちらかに不満が出る **チャネル** ・オウンドメディア ・ペイドメディア	**状況** ・3名〜10名程度のチーム規模 ・職能横断型チーム（開発者／デザイナー／PO） ・プロパー、業務委託の混成 **傾向** ・参加者の経験にバラツキがあり、開発への考え方やプロセスが異なる

収益モデル	・サブスクリプションモデル ・月間利用料1チームあたりXX円 ・単年収益XX円　3年後収益XX円	市場規模	・TAM：プロジェクトを必要とする業務XX億円 ・SAM：ソフトウェア開発業界XX億円 ・SOM：スタートアップや小規模開発XX億円

図6-4 仮説キャンバスの例（プロジェクト管理ツールの場合）

　仮説キャンバスの補足として、第2章で示した「課題」「機能」「形態」の3つの仮説分類との関係を説明しておきましょう。仮説分類の「課題」は仮説キャンバスの「顕在課題」「潜在課題」「代替手段の不満」に、「機能」「形態」は仮説キャンバスの「実現手段」にそれぞれ対応します。端的にプロダクトの仮説を捉えるならば3つの仮説分類で間に合いますが、仮説検証を本格的に進めていくにあたっては仮説キャンバスレベルの詳細さが必要になります。

　さて、仮説キャンバスを記述することはできたでしょうか。ストーリーで示した通り、たたき台は誰かが書くにしても、できる限りチームやその他の関係者、専門家を寄せて、多様な知見を結集させるようにしたいところです。仮説立案を誰か一人に委ねてしまうと、当たり外れはその一人の知見次第ということになります。そうして、スピーディに仮説を作って、素早く検証を進めていくことで、かえっていち早く正解にたどり着けるようにする、という考えはもちろんありえます。

　しかし、私たちが向き合う対象者（顧客やユーザー）や社会の状況とはそう簡

単なものではなくなってきており、誰か一人が背負うだけでは済まない複雑さがあります。複数の知見を寄せ合って、仮説を作っていくことで乗り越えられるようにする、というのは本章でのメッセージの1つです。ただし、多様な意見であふれかえって収拾がつかなくなってしまわないように留意する必要があります。要点は2つです。

1 上段と下段で、意見の広がりを制約する

先に述べた通り、上段の目的、ビジョン、そして下段の収益モデル、市場規模も、中段が無尽蔵に広がらないようにするためのくさびになります。目的とビジョンという、より上位の概念から逸脱しているとすぐに課題解決の方向性に疑念が生じてきます。逆に言うと、比べてみて疑念が生じるくらいには目的、ビジョンを具体的にしなければならないということです。「地域社会の平和」や「顧客の幸せ」といった理念は良いのですが、抽象度が高すぎて、何でもありになりかねません。

もちろん、逆の場合もあります。中段の仮説を作っていくことで、目的やビジョンを変更したほうが良いのではないか。そういう気づきが得られることがあります。上位の概念を変えることもありえます。ただし、重要な前提にあたるため、変更に際しては合意形成を丁寧に行なうようにしましょう。場合によってはチーム外の関係者とも合わせる必要があるはずです。

下段の収益モデル、市場規模も、中段の制約にあたる重要な観点です。いくら課題解決ができたとしても、儲からなければ事業として成り立ちません。収益性を問うことによって、実現可否を検査するようにしましょう。市場規模も同じです。企画への将来的な期待が数百人レベルの課題解決で良いのか、それとも数万人規模の発展性にあるのか。いくら価値が見いだせる「良い仮説モデル」だとしても、事業の可能性がなければ方向性を見直さざるをえません。

2 仮説の一本線を常に保つ

もう1つ、仮説を立てるうえでの着眼点があります。それが「**仮説の一本線**」と呼ばれる仮説エリア間の整合性です。具体的には「状況」「課題（顕在課題、潜在課題）」「代替手段」「不満」「提案価値」「実現手段」「優位性」です。それぞれの関連を詳細に捉えていきましょう。

仮説の一本線を捉える

「仮説の一本線」について詳しく見ていきましょう（**図6-5**）。

目的 われわれはなぜこの事業をやるのか?			ビジョン 中長期的に顧客にどういう状況に なってもらいたいか?		
実現手段 提案価値を実現するのに必要な手段とは何か?	**優位性** 提案価値や実現手段の提供に貢献するリソースが何かあるか	**提案価値** われわれは顧客をどんな解決状態にするのか? (何ができるようになるのか?)	**顕在課題** 顧客が気づいている課題やニーズに何があるか	**代替手段** 課題を解決するために顧客が現状、取っている手段に何があるか? (そうした手段への不満があるか)	**状況** どのような状況にある顧客が対象なのか (課題が最も発生する状況とは)
	評価指標 どうなればこの事業が進捗していると判断できるのか? (指標と基準値)		**潜在課題** 多くの顧客が気づけていない課題、解決をあきらめている課題に何があるか	**チャネル** 状況にあげた人たちに出会うための手段は何か	**傾向** 同じ状況にある人が一致して行なうことはあるか
収益モデル どうやって儲けるのか?			**市場規模** 対象となる市場の規模感は?		

図6-5 仮説の一本線

「状況」と「課題」

「ある状況にあるゆえに想定している課題が発生する」という構図が確かになっているかに留意します。「状況」とは「課題」が発生する背景、原因にあたるわけです。まずこの2つに関連があるかを問わなければなりません。

- この「状況」だからこそ、この「課題」が発生する
- この「課題」が発生するのは、この「状況」に原因があるためだ

「状況」と「課題」を双方向から見ることで、その関連性の確からしさを得ておきます。なお、関連があるからこそ何が「状況」で、何が「課題」になるのか、その見分けがつかなくなることもあります。「状況」はあくまで背景、原因であるため、直接的な解決対象にはなりません。解決対象はあくまで「課題」です（課題解決を行なった結果として、状況が改善されるということはもちろんあります）。

次に、「状況」と「課題」の関連の強弱にも着目しましょう。この関連性が弱いと、「そういう課題が起きることもある」レベルに陥りかねません。「まあ、あてはまるかな」程度のゆるさで一本線を作ってしまうと、必ず行き詰まっていきます。**むしろ、対象の「課題」がより切実なものとなるような「状況」の仮説を立てます。**

　このように切実な課題を特定する条件で特定される対象者を「**アーリーアダプター（提案の早期採用者）**」と言います。仮説キャンバス上でまず捉えるのはこのアーリーアダプターです。「課題」に対する感度が高く、いち早く採用を決めてくれるような対象者を第一に仮説を構築します（アーリーアダプター以降の対象者の想定は、市場規模のエリアでつけることになります）。

　もう1つ、課題のうち「潜在課題」についても漏れなく捉えるようにしましょう。対象者にとって潜在的になっている課題（解決対象として認識していない課題）、何らかの理由で解決をあきらめている課題がここで言う潜在課題です。どのような「潜在課題」がありえるのか、当事者でもなければ気づくのは難しいでしょう。実際、「潜在課題」にたどり着くのは「インタビュー検証を何度も繰り返したあと」ということが珍しくありません。一方で、「潜在課題」を手のうちにできているかどうかが企画の深みへとつながります。当然ながら表層的な課題のみ扱っていても、競合・代替手段が多く、目覚ましい成果にたどり着くのは難しいでしょう。

「課題」と「代替手段」

　「状況」と「課題」が接続できたら、次に着目するのは「代替手段」です。この仮説エリアは、キャンバス上最重要と見るべき観点です。私たちは当然ながら解決に値する「課題」を扱っていく必要があります。「課題」が切実なものかどうか、これを見極めるための方法が「代替手段が存在しているか」という問いに向き合うことなのです。

　「課題」が切実で、どうにか解決したいと思うものであればこそ、何らかの「代替手段」が存在しているはずです。現代において、取りうる「代替手段」がないというのはよほどのことです。現状の調査を丁寧に行なうべきでしょう。実際に「代替手段」がないとしたら、本当に自分たちで解決ができるのか疑念が生じてきます。このあたりで楽観的な見方を取ってしまうと危うくなります。

　実際には、インタビュー検証を丁寧に掘り下げて行なう、またその回数を重ねることでこそ、「代替手段」が見えてくることがあります。チームの手持ちの情報で立てる最初の仮説キャンバスでは、この「代替手段」が浅く、見えていないことが大半です。どのようにして課題解決を行なっているのか、対象者の現実の行動をインタビューの中で捕捉するようにしましょう。仮説立案の段階では、どれが切実な課題なのか、想定で「重要性自体の仮説」を立てておきます（重要性が高いとおぼしき仮説にマーキングしておきます）。

　なお、課題を顕在と潜在に分けて捉えた場合、「潜在課題」のほうは代替手段が存在しない、あるいは認知されていないということがありえます。対象者が課題解決をあきらめている、解決できないものと判断している、その結果として解決への意識が低くなっているのが「潜在課題」です。

　仮説の立案者としては、そうした「潜在課題」も実際のところ解決手段が存在しないのか調査を行なっておきましょう。解決手段は存在しているが、対象者が気づいていない（情報にアクセスできていない場合もある）、あるいは必要なリテラシーが合っておらず解決手段の候補に入ってこない（解決手段として認識できない）ということもありえる話です。つまり、ここで言う潜在とは対象者によって異なる「相対的なもの」と言えます。

「代替手段」と「不満」

　次に捉えるのは、「代替手段」に対する「不満」です。現状の手段で十分に解決ができているならば、新たな企画は不要でしょう。仮説が成り立つためには、間違いなく現状に対する不満、不十分、不足が存在しなければなりません。前段で述べた通り、現在の状況を深掘りしながら、同時に対象者の満足状況を捉えなければなりません。対象者にとっては新たな提案を受け入れるためには、現状の手段からの乗り換えを行なう必要があります。こうしたスイッチングコストを含めてなお、新たな提案に魅力があるのか。ここが勝負所になっていきます。

提案価値の魅力 － スイッチングに要するコスト ＞ 代替手段による満足度合い

　インタビューの中で、具体的にどのようなスイッチングコストが発生するのかを探索しましょう。ここで言うコストとは金銭的なコストだけではなく、慣れたやり方を変えるという心理的ハードルも含まれることになります。

「課題」「不満」と「提案価値」

　「提案価値」では、捉えた「課題」や「不満」をどのような解決状態にするのかを示します。解決する、充足する、ということは、提案価値としては「〜できるようになる」「十分〜になる」といった表現になるはずです。

　このあたりの表現がしっくりこないようだと、提案価値と言いながら「機能」や「アプリ」「システム」といった手段に言及してしまっている可能性があります。手段は後述する「実現手段」で表現します。

　提案価値はあくまで、手段によって実現される「価値」です。新たな価値を得ることで、対象者はこれまでとは異なる何かができるようになる、あるいは異なる状態になる。つまり、これまでに対して何かしらの「変化」が起きるはずです。その変化を手に入れるために、対象者は対価を支払うわけです。提案価値が対価を払う対象になっているか、常に問いましょう。

「提案価値」と「実現手段」「優位性」

　最後に見るのは、価値とそれを実現する手段との整合性です。当然ながら、具体的実現手段がなければ、提案価値は絵に描いた餅のままです。仮説キャンバス上に、価値を実現するにあたって特に重要となる対象を挙げておきましょう。「実現手段」は機能一覧でも、バックログでもありません。あくまで仮説を表現するために把握しておくべき代表的な手段を記載するにとどめます。より詳しい手段の説明は別にまとめていきましょう。仮説キャンバスの「実現手段」はバックログの「元」にあたる位置づけです。

　なお、あくまで「機能」ではなく「実現手段」です。その中身は機能に限らず、価値を実現するために必要な「活動」や、インターフェースやデバイスといった「形態」も含まれます。テーマによっては、そうした活動や形態の重要性が高い場合があります。デジタルサービスにおける機能の列挙にのみ、とらわれないようにしましょう。

　もう1つ、仮説の整合性の連鎖に加えられるものとして「優位性」があります。提案価値の実現、実現手段の構築にあたって、組織内外のアセット（資産）、リソース（資源）が活用できるようであれば、その内容を挙げておくようにします。物理的なアセット、リソースだけではなく、ブランディングや組織文化などソフト面もここには含まれます。ただし、「多少貢献するはずである」といったレベル

を挙げてもあまり意味はありません。あくまで明確に貢献につながるものを捉えておきます。

「仮説の一本線」は仮説作りにおいても、検証結果を評価・分析する際にも、常に意識をすることになります。検証を終えたタイミングで事実としてわかったことを仮説キャンバスに記載したうえで、仮説自体をアップデートしていきます。そうした新たな仮説を扱うときにも、念頭に置くのは「仮説の一本線」です。

「仮説の一本線」で仮説の整合性を取っていくのは、別の表現である**CPF**（Customer-Problem-Fit：**顧客と課題の適合度合い**）、**PSF**（Problem-Solution-Fit：**課題と解決策の適合度合い**）と共通します（**図6-6**）。

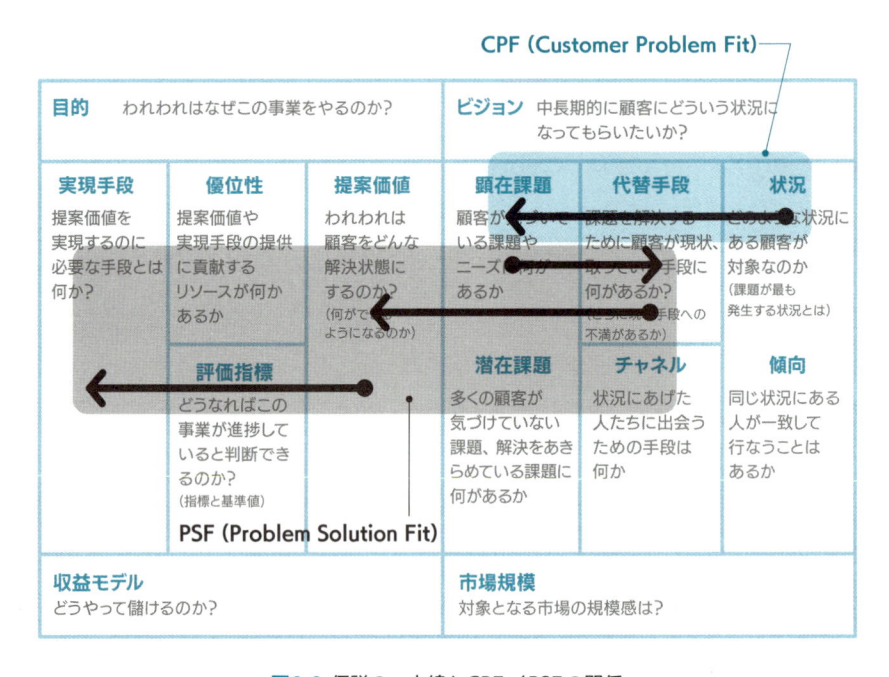

図6-6 仮説の一本線とCPF／PSFの関係

実は仮説キャンバスを埋めただけでは、CPF／PSFが具体的にはどんな状態なのか、あいまいなままになっていることがよくあります。なんとなくキャンバス上で整合性が取れていることで良しとするのではなく、CPF／PSFの具体的な状態を言語化してみましょう。仮説キャンバスで表現している内容を元に、ステー

トメント（文章）を作り、内容的な矛盾や整合の弱さがないかをテストします。

- ・CPFの言語化：
  想定顧客は、（アーリーアダプターを特定する条件）といった状況にあるため
  課題として、（顕在課題、潜在課題）を抱えている。

- ・PSFの言語化：
  想定顧客が抱えている（顕在課題、潜在課題）を、
  私たちが提供するソリューションによって（提案価値）の状況にする。

　場合によって、言葉にする難しさを感じるはずです。そのときはまだ、どういう状態が実現できれば良いかあいまいであるということです。

　仮説検証によって、一度にすべてのFit（整合性）が得られるわけではありません。検証によって段階的にFitの確からしさを得ていく進め方になります。一番初めに行なう検証はたいていの場合、インタビューやアンケートといった対象者の声を取りにいく活動です（**図6-7**）。仮説はあくまで立案者たちの想像に依るところが多く、実際の状況や行動はどうなっているのか、まず情報を得ていくことが不可欠です。

	アンケート	インタビュー
主な狙い	誰が顧客になりうるか 状況仮説が想定できるようになる	より想定顧客の状況を深く理解する とともに、CPF／PSFを確かめる
利点	インタビューに比べて ・時間や労力に関するコスト効率が高い ・数多くのサンプルから仮説を立てる 　ことができる	アンケートに比べて ・インタラクティブな対話と状況に応じた 　設問の追加によって深い理解と洞察を 　得られる可能性がある ・非言語（表情、身振り）的な手がかりが得られる
欠点	インタビューに比べて ・質問の解釈が回答者に委ねられており 　誤謬が入り込む可能性がある ・表面的な情報しか得られず深い洞察を 　得るのが難しい	アンケートに比べて ・時間、コストがかかる ・サンプルのサイズが少ない 　（1セット10名程度） ・対話によるバイアスが生じる可能性もある

図6-7　アンケートとインタビューの比較

解説 > STORY

インタビュー検証が始められない

　仮説作りを終えた僕たちが次に行なったのは、想定ユーザーに対するインタビュー検証だった。十二所さんいわく、仮説検証で大事なのは「**いかに早く最初の情報を獲得するか**」ということらしい。仮説はあくまで仮説。すぐに、仮説の真偽を得る手がかりや、それにつながる事実の獲得に繰り出すこと。特に僕らは1か月で最初の検証結果を得る約束で進めている。仮説キャンバスを作った翌日にはインタビュー検証の準備に入った。

「インタビュー相手の確保が問題だ。」

　十二所さんが珍しく懸念を表明した。佐介くんが即座に反応した。

「そもそもどんな条件でインタビュー相手を特定するべきでしょうか？」

「それは明確だ。そのために仮説キャンバスの状況仮説がある。」

　言われてみて、僕らはあらためてキャンバスを眺め直した。状況仮説には、業務委託先の候補としてフリーランスや副業メンバーという条件が挙げられている。さらに、進捗報告がネックになりがちな状況として、週の稼働日が少なく（週1、2しか動かない）、稼働する時間帯がこちらとずれている（日中ではなく夜に動く）というケースを想定していた。

　十二所さんが言うには、仮説キャンバスの状況仮説を元に、インタビュー相手のリクルーティングを進めていくことになる、つまり、ここの記述は「**誰に話しかければ良いのか**」が特定できるくらいに詳細にしておく必要があるということだった。

「確かに、どんな人にインタビューすれば良いかはわかるものの、どこでどうやって手配するかですよね。」

　佐介くんはインタビュー検証が初めてなので、もちろんこのあたりの勘所をつかんでいるわけではない。代わりに雪下さんが会話に割って入ってきた。

「でも、フリーランスや副業のエンジニアが対象ということで、インターネット上でインタビュー相手をリクルーティングするサービスで確保できそうな条件ですよね。時間が問題ですか？　2週間あればできそうにも思いますが。」

「普段ならそれで良いのだが、今回はこの企画の発端になった実際のメンバーにあたりたい。」

　え、そこまでします？　雪下さんは黙って、表情だけでそう返事した。そこまで条件を合わせる必然性がわからなかったようだった。十二所さんはそれ以上説明しなかったけど、僕にはなんとなくわかった。十二所さんはこの企画は筋が悪いと思っている。この仮説検証で示したいのは、CPFでもPSFでもなく、真逆の「いかにこの企画がダメか」ということなんだと思う。

　だから、微塵の言い訳も通用しないような条件で検証結果を示す必要があるのだ。そうでなければ、おそらく結果が受け入れられず（「結果が出ないのは、インタビュー対象者が想定と違っているんだ」とか）、検証が長引いてしまう可能性がある。十二所さんはその芽を最初からつぶすつもりなんだ。

　問題が起きた当時のプロジェクトメンバーには、きっと長楽さんなら連絡を取れるはずだ。ところが肝心の長楽さんと、仮説作りのミーティングを終えてから途端にコミュニケーションが取れなくなっている。チャットでもほぼ返信がない。一応、インタビューの件は伝えているものの、生返事で前に進む気がしない。もともとマネージャーなので、1つのテーマに掛かりきりになるわけにはいかないようなのだ。さらに運悪く、西御門さんから次々と相談ごとが持ちかけられているようだった。

「長楽さんが動けない以上は、もうあらためてインタビュー相手を探すしかないですよね。長楽さんの手が空くのを待っていたら、それこそ1か月くらい過ぎてしまいますよ。」

　雪下さんの意見はもっともだった。佐介くんもうなずきで賛同する。しかし、僕にはもう1つだけ手が残っている。

「十二所さん、大町さんに相談しましょう。これまで新規事業プロジェクトにはセ

ールスとして絡んでいたはずです。当時のメンバーが具体的に誰なのかわかるはずです。メンバーが特定できたら、発注情報から連絡先が見つけられますよね。」

　期待する十二所さんの反応は「その手があったな！」だった。ところが実際には真逆だった。

「そんなことはわかっている。」

　あら？　じゃあ、なんで、立ち止まっているのだろう。十二所さんは、少しいらだったように続けた。

「大町には、笹目から連絡を取ってくれ。」

　あ、そういうことか。大町さんと十二所さんは、二階堂さんチームでの一件以来、断絶しているんだ。大町さんに声をかけたくてもかけられないんだ。きっと大町さんに無視されるのがオチだ。

　僕は十二所さんの細やかな弱みを握ったような気がして、顔がほころんだ。いつも誰に対しても超強気な人でも、いやだからこそ、こういう人間関係は弱点になるんだ。

　そんな僕の察した様子が気に食わなかったのだろう。その後しばらく、十二所さんは僕にあまり口を聞いてくれなかった。

解説　インタビュー検証を支えるスクリプトの要点

　仮説を立て、検証を行ない、その結果から新たな学びを得る。この回転をいかに速く実施し、できるだけ学びが得られている状態を早期に作ること。早く学習状態を作れるほど、その後を効果的に進めていくことができます（**図6-8**）。これが仮説検証を実施していくうえで最も狙うべき状態です。

学習を「プロジェクト」単位で扱う ＝ **いつ学びが活きるかは具体的には不明**

学習を「タイムボックス」単位で扱う ＝ **早速次のタイムボックスで学びを活かす**

図6-8 プロジェクトとタイムボックスを学習の観点から比較する

とすると、チームでマネジメントする観点は「**仮説の立案〜検証〜学習までの時間をいかに短くできるか**」です。様々な検証手段がある中でインタビューやアンケートを最初に行なうことが多いのは、この学習までのリードタイムを短くすることが期待できるからです。

何かしらの検証物を準備する時間が長くなればなるほど、学習は遅くなります。学習機会をまったく置かず、スタートラインからいきなりプロダクトを作って検証しようとするのは、学習観点でリスクがあります。「今の自分たち」が最も効率良く学べる手段とは何か？　現在位置を確かめることで、タイムパフォーマンスの良い検証手段を選ぶことにしましょう。

初期段階において最もタイムパフォーマンスが良いのは、たいていの場合インタビュー検証です。もちろん、手軽さでいくとアンケートのほうが上です。ただ、より深く仮説の整合を確認するうえで獲得していく情報の質を高められるのは、インタビューのほうです。この解説では、インタビュー検証を行なう際のかなめとなる「インタビュースクリプト」の作り方について見ておきましょう。

仮説検証で行なうインタビューは、半構造化インタビューを用いることが多く、何を聞くのかという設問を一定数用意したうえで臨みます。実際に質問を投げかけていくと、様々な反応が得られるでしょう。想定した回答、想定していない回答、いずれの場合であっても、さらに詳細に回答を掘り下げていくために追加の質問を投げかけていきます。「半構造化」が意味するのは、あらかじめ設問を組み立てておく部分と、その場での回答から設問自体を作り出す部分を併用するとこ

ろです。

　実際、インタビューを行なうにあたっては、「何を聞くべきなのか」、この設計ができていなければ、効果的な検証になりません。インタビュースクリプトは、検証を進めていくうえでの拠りどころと言えます。このスクリプトを作成するにあたって、仮説キャンバスを元にします（**図6-9**）。

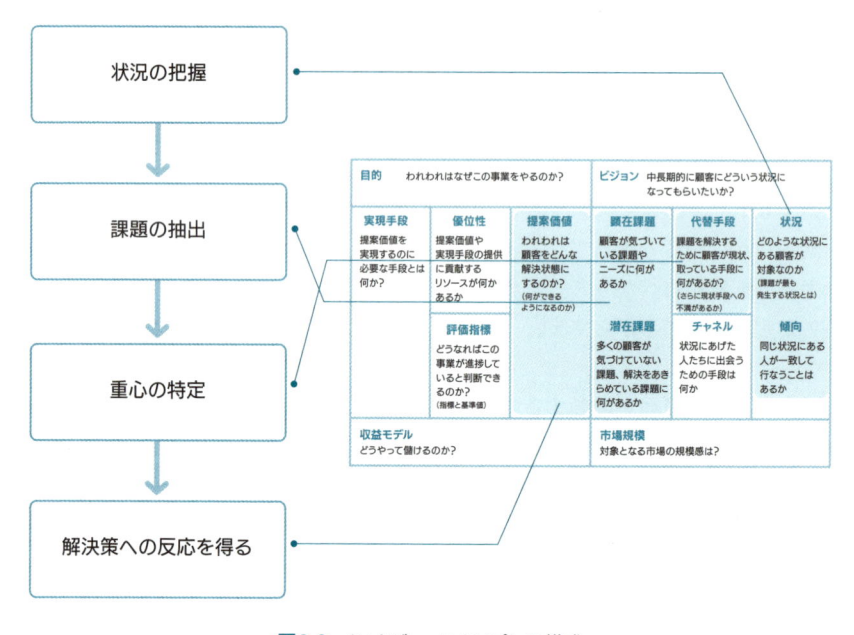

図6-9 インタビュースクリプトの構成

　スクリプトの構造上で要点となるのは、「**状況の把握**」「**課題の抽出**」「**重心の特定**」「**解決策への反応を得る**」の4つです。

状況の把握

　仮説キャンバスで挙げた状況仮説と対象者の状況が合致しているかを把握します。実際にはインタビュー実施前のリクルーティングの段階で、対象者の条件が合致するかを見ておくことになりますが、インタビュー時においても主要な条件、特にアーリーアダプターを特定する重要な条件については確認しておきましょう。状況仮説が想定とずれたままインタビューを実施しても、判断の誤りにつながりかねません。

課題の抽出

　次に、対象者から課題を得ていきます。いきなり仮説キャンバス上の細かい課題仮説を個別に聞いていくのではなく、テーマに関してオープンクエスチョン（Yes／Noで答えられる質問ではなく、自由記述のように語れる設問）で広く述べてもらうようにしましょう。あえて幅広く回答をできるようにすることで、対象者に自分の頭を通して自分事として語ってもらうことが狙いです。

　そのうえで、仮説キャンバスで想定している課題仮説をぶつけていきましょう。もちろんオープンクエスチョンに対する回答の中で想定課題が出てくることがあります。それらについては、必要に応じて掘り下げる質問を重ねていきます。対象者の回答で、こちらの想定課題がまったく触れられない場合は、直接的に課題仮説を挙げて、該当の課題が存在しないのか確かめておきます。

　いきなり個別の課題を挙げても、対象者は良かれと思って、反応的な回答（その場で考えた回答）をしてしまう可能性があります。**一度、自分自身の言葉で語ってもらい、そのうえで個別の課題について掘り下げていくようにしましょう。**

重心の特定

　課題仮説が出揃ったところで、次は現状の代替手段の確認です。どのような代替手段が存在するか、そして、その現状の手段に対する評価を得ていきます。

　このとき、課題仮説の数が多いようであれば、課題とペアで個別に代替手段を聞いていくか、そもそもの課題仮説のうち重要性の高いものに絞り込んで代替手段の掘り下げを行なうようにします。この判断ができるためには、仮説キャンバス上で課題に対する「重要性自体の仮説」を立てておく必要があります。

　「重心の特定」とは、課題仮説と代替手段、その不満の組み合わせの中で、最も「切実な課題」とは何かを見つけ出すことです。代替手段が存在し、なおかつ妥当な不満が言及されている。それらが複数存在する場合、対象者に順位付けしてもらいましょう。おそらく2〜3個程度の候補があるはずです。1つ1つ比較を行なうイメージ（AとBどちらが課題が強いか）で相対的な順番を付けてもらいます。そして、重要性が高いと判断した理由についてもあわせて本人から語ってもらいましょう。

解決策への反応を得る

　ここまでが課題の特定であり、最後の設問として設けるのが課題に対する解決策仮説への評価です。ただし、最初のインタビュー検証で用意している解決策の仮説とは、当然ながらインタビュー実施前に手持ちの情報で想像したものでしかありません。実際のところ、最初のインタビュー検証ではこの「解決策への反応を得る」を省いてしまっても良いくらいです（2回目以降の検証で確かめる）。

　反応をもらうにあたっては、口頭だけで解決策を説明するのにはムリがある場合もあります。延々と解決策のイメージを口頭で語ってもらってもイメージがつかみにくいですよね。誤った解決策のイメージに反応をもらっても、それはあとで生きる情報どころか、判断の誤りを招く「ノイズ」になりかねません。イメージ図1枚程度に簡潔にまとめて、その内容を確認してもらったうえで解決策の方向性について手がかりを得ることにしましょう（**図6-10**）。

状況の把握	← 「**状況**」から構成 （「**傾向**」や「**チャネル**」も含む）

- ・普段何名くらいのチームで開発を行なっていますか？
- ・チーム内にどんな役割があるか教えてください
- ・チームは組織内のメンバーだけで構成していますか、それとも外部も含みますか？
- ・メンバーの経験や知識にはどのくらいバラツキがありますか？
- ・ツールの情報収集は普段何で行なっていますか？
- ・日常的に参照しているメディアやSNSについて教えてください

課題の抽出	← 「**顕在課題**」「**潜在課題**」から構成

- ・開発においてよく直面する課題について教えてください（あえてオープンクエスチョンで聞く）
- ・チームメンバー各自のタスクの状態や様子が見えない、わかりにくいという状況はありますか？
（サブ質問）そのような状況に対して具体的にどう対処していますか？
- ・チーム内で利用するツールの選定で意見が分かれるという状況はありますか？
（サブ質問）どのようなツールでそれは起きますか？
（サブ質問）チーム内の役割の間で、使うツールに関する意見の食い違いはありますか？
（サブ質問）実際に、役割やメンバーによって使うツールが異なる状況があれば教えてください
- ・利用するツールが原因でコミュニケーションがうまくいかないなどの問題は起きていますか？

重心の特定	← 「**代替手段**」から構成

- ・ここまでの質問で、利用ツールが異なることによっていくつかの問題が起きていることがわかりました。
特に、重要視している問題があれば教えてください
（サブ質問）※想定と異なる場合に聞く
役割（リテラシー）によってツールを使い分けることで、情報の重複や煩雑な状況が起きていませんか？
こうした状況はどのくらい課題であると捉えられていますか？
- ・そうした状況に対して、現状どのような手段や方法を取っていますか？
- ・現状の手段、方法をどのように評価されていますか？

解決策への反応を得る	← 「**提案価値**」から構成

- ・（現状のソリューション案について説明する）
…というアイデアについて、1〜5点の点数をつけるとしたら何点でしょうか？
その判断理由についても参考までに教えてください

図6-10 インタビュースクリプトの例（図6-4の例を対象に）

これらと似たような流れをすでに見てきていますね。そう、仮説立案時に意識した「仮説の一本線」です。インタビュー検証で得たいことは大きく2つあります。

❶ 状況を詳細に把握する
❷ 仮説の一本線が成り立つかを確かめる

まずもって、対象者の状況を深く知ることが目的です。仮説はあくまで、自分たちがその時点で持っていた情報を元に組み立てた内容です。対象者に関するそもそもの情報を増やすためにインタビューを行ないます。そのうえで、「仮説の一本線」が成り立つかを見ていきます。先に示した4つの観点は、一本線をたどっていくイメージになっていますね。

最後に、スクリプトの設計上必ず留意するべきことを挙げておきます。それは、できる限り「**事実の把握**」を行なおうとすることです。対象者の声に直接触れるとはいえ、相手も事実ではなく想像やその場で思ったことを口にしていることがありえます。「〜だと思う」というニュアンスの発言は、一意見として受け止めますが、事実の把握を優先するようにしましょう。そのためには、「**思ったことを聞く**」のではなく「**行なったことを聞く**」のが基本です。どういう状況で、具体的に何をしたのか。実際の行動とその結果の把握に努めましょう。

インタビュー検証の実施

さて、スクリプトが設計できたところで、インタビューを実施するにあたっての流れと要点を把握しておきましょう（**図6-11**）。

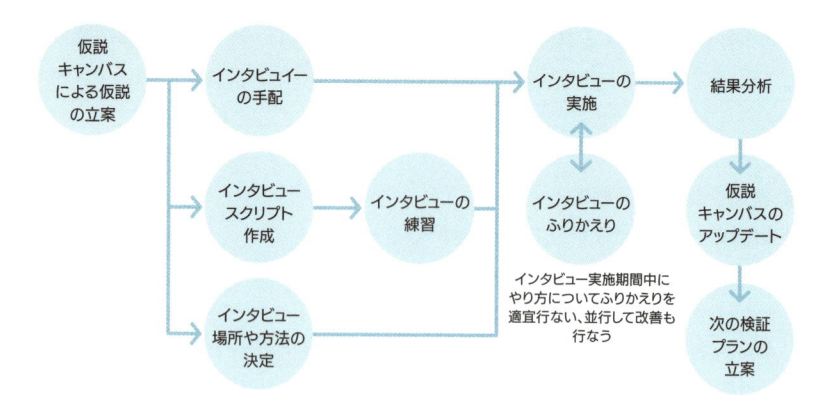

図6-11 インタビュー検証の流れ

1 インタビューは10名1セットで行なう

　インタビュー検証としてどのくらいの人数に実施すれば良いか、絶対的な基準があるわけではありません。**状況仮説で特定する対象者ごとに10名1セットを前提として実施しましょう。**対象者が複数のケースに分かれる場合は、ケースごとに行なう必要があるということです。たとえば、サービスの利用者と購入判断者が異なる場合など、分かれるのはよくあることです。

　1セットで実施するたびにその結果の評価を行ないます。もし、10名実施したにもかかわらず、思うような結果が得られていないと見るならば、さらに10名追加で検証を行ないます。「得られた学びが少ない（次に何をすれば良いか判断がつかない）」「仮説キャンバスを更新するところがない（全部わかっていることだった）」といった場合です。

　そうしたケースでは、たいていの場合対象者の特定に甘さがあったことに起因します。対象者の条件がざっくりとしていて広めになっている場合ほど、様々な意見が散発的に得られるだけで、仮説を絞っていくことができません。このように不発に終わった検証自体も学びなのです。状況仮説の見直しを行なってから、検証を再開しましょう。

2 主語を確認する

　対象者の回答がだんだんあいまいになっていくのは、「誰」の話をしているかわからなくなっていくような場合です。当然、インタビューとしては対象者自身を

主語として語ってもらう必要があります。「たぶん、あの人は□○△である」「おそらく、一般的に言って」といった情報を得たところであまり価値がありません。主語の確認と、主語のズレを正す（本人として語ってもらう）ことを常に念頭に置いて臨みましょう。

このことはどんな対象者にでも起きうることです。1時間程度のインタビューを実施していると、だんだんと対象者も話にのめり込んでいきます。そうなると対象者自身も事実なのか想像で言っているのか、他意なく判別できていない発言が出てくるのです。「誰の話か」「思ったことではなく行なったことか」を随時挟み込むことで、対象者の回答のブレを正すようにしましょう。

3 直感的な回答と、思考による回答を見分ける

人の認知機構には、直感的な回路と、論理的思考に基づく回路の2つが存在していると言われています。インタビューでも反応的な回答を示している場合は、直感に頼っている可能性があります。直感的な回答自体も「情報」ではありますが、よく考えると使わない、買わないといった判断になりうる可能性があり、注意して扱う必要があります。

直感的な情報に終始しないよう、あえて対象者に過去の出来事、事実を思い出してもらえるよう、問いかけを工夫しましょう。「思い出して答えてください」というストレートな枕ことばから始めたり、あえて「3つ挙げてください（出す数を挙げることで記憶の掘り起こしを促す）」「ある範囲（たとえば1日や朝昼夜といった時間的な領域）について順を追って説明してみてください」といったように頭を使わなければ答えられない設問を用意します。

4 分析はタテ、ヨコの2回行なう

検証結果は2方向で分析しましょう。まずは1件1件の結果を見ることです（タテの分析）。観点は3つあります。

- **仮説キャンバスで挙げた内容と合致する**
- **同じく、合致しない（想定と真逆である）**
- **仮説キャンバスにはない、新たな情報**

これらをマーキングして、一人ずつ抽出していきます（**図6-12**）。

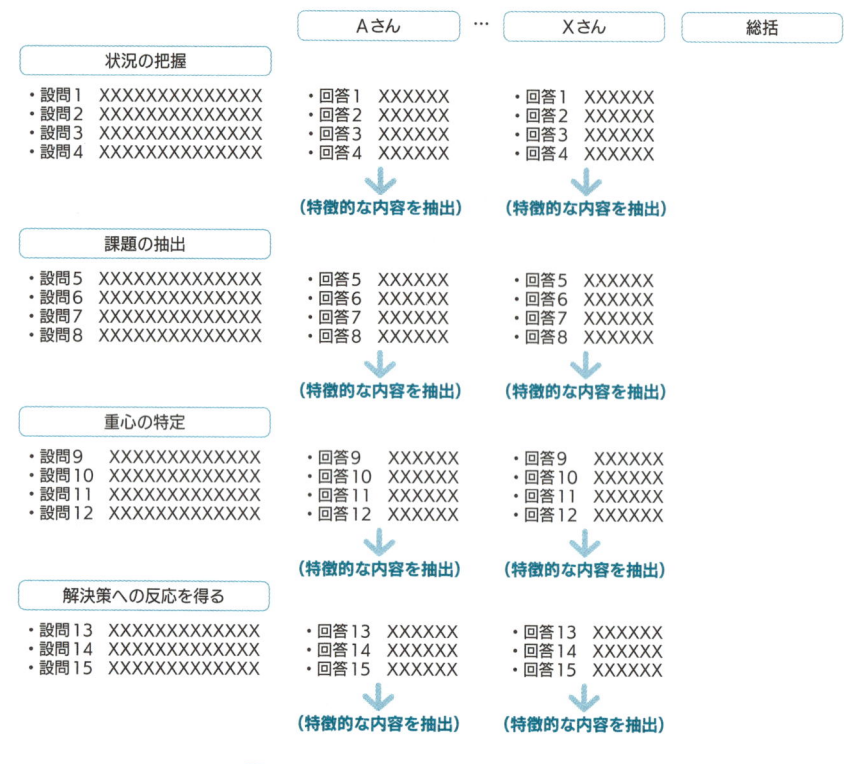

図6-12 インタビュー検証結果　タテの分析

そのうえで次は横串で検証結果を見ていきます（ヨコの分析）。

- **他者と同じ結果である（共通性がある）**
- **他者と比較して違いがある（個別の特徴がある）**

他者比較によって合致するところ、合致しないところを抽出していき、最終的に検証結果の総評を行ないます（**図6-13**）。

	Aさん	…	Xさん	総括
状況の把握				
・設問1 XXXXXXXXXXXXXX	・回答1 XXXXXX		・回答1 XXXXXX	
・設問2 XXXXXXXXXXXXXX	・回答2 XXXXXX		・回答2 XXXXXX	
・設問3 XXXXXXXXXXXXXX	・回答3 XXXXXX		・回答3 XXXXXX	
・設問4 XXXXXXXXXXXXXX	・回答4 XXXXXX		・回答4 XXXXXX	
	（特徴的な内容を抽出）		（特徴的な内容を抽出）	→ （共通性や特徴的な個別性を整理）
課題の抽出				
・設問5 XXXXXXXXXXXXXX	・回答5 XXXXXX		・回答5 XXXXXX	
・設問6 XXXXXXXXXXXXXX	・回答6 XXXXXX		・回答6 XXXXXX	
・設問7 XXXXXXXXXXXXXX	・回答7 XXXXXX		・回答7 XXXXXX	
・設問8 XXXXXXXXXXXXXX	・回答8 XXXXXX		・回答8 XXXXXX	
	（特徴的な内容を抽出）		（特徴的な内容を抽出）	→ （共通性や特徴的な個別性を整理）
重心の特定				
・設問9 XXXXXXXXXXXXXX	・回答9 XXXXXX		・回答9 XXXXXX	
・設問10 XXXXXXXXXXXXXX	・回答10 XXXXXX		・回答10 XXXXXX	
・設問11 XXXXXXXXXXXXXX	・回答11 XXXXXX		・回答11 XXXXXX	
・設問12 XXXXXXXXXXXXXX	・回答12 XXXXXX		・回答12 XXXXXX	
	（特徴的な内容を抽出）		（特徴的な内容を抽出）	→ （共通性や特徴的な個別性を整理）
解決策への反応を得る				
・設問13 XXXXXXXXXXXXXX	・回答13 XXXXXX		・回答13 XXXXXX	
・設問14 XXXXXXXXXXXXXX	・回答14 XXXXXX		・回答14 XXXXXX	
・設問15 XXXXXXXXXXXXXX	・回答15 XXXXXX		・回答15 XXXXXX	
	（特徴的な内容を抽出）		（特徴的な内容を抽出）	→ （共通性や特徴的な個別性を整理）

図6-13 インタビュー検証結果　ヨコの分析

　総評結果についてチームで話し合い、仮説キャンバスのアップデートを適宜行ないます。

5 アーリーアダプターの特定に焦点をあてる

　特に初期段階の検証では、まずもってアーリーアダプターの特定に注力しましょう。たとえ、想定していた回答が検証対象者のうち少数派になったとしても、注目するべきは「状況と切実な課題の関係」が成り立つかどうかです。切実な課題にあてはまる人たちこそアーリーアダプターとみなすことができます。どんな状況にある人たちがアーリーアダプターなのか、その条件化を行なえるかが山場です。

　アーリーアダプターの条件を特定し、その条件下で対象者を集め直し、インタビューを再度実施します。こうした繰り返しを行なう中で、徐々に条件は明確に

なっていきます。最終的には、想定するアーリーアダプターの確保が可能となっていくはずです（話を聞いてみたら想定する対象者ではなかった、ということが減っていく）。**アーリーアダプターを特定したうえで、「仮説の一本線」が成り立つか**の検証を続けていきます。

解説  > STORY

検証結果がまったく思っていた通りではない！

インタビュー検証の結果は、散々なものだった。十二所さんが想定していた通り、「進捗報告」を自発的に行なってくれる見込みは、極めて低い結果となった。どれほど「使いやすさを追求するため」と前提を置いたとしても、報告をこまめに自分から行ないたいと思うはずもない。それに肝心の「使いやすさ」なるものの具体もまだないのだ。

佐介くん自身が言ったように、面倒なものは面倒だからやらない、あるいは控え目に言ってイメージがわかないからわからない、という回答が大半だった。

この結果を得れば、さすがに企画を練り直さないわけにはいかない。結果を聞く長楽さんも苦々しい表情でありながら、「他の可能性」を言及することはできなかった。そのくらい明確に結果が出てしまったのだ。

「で、どうします？　長楽さん、新たな企画を立て直しますよね？」

雪下さんもきっとこの結果が見えていたのだろう。冷静に次のアクションに移ることを投げかけた。いくら結果が見えているとはいえ、長楽さんがそう簡単に納得することがないのもやはり見えていた。今、この瞬間に次の判断までいかなければなし崩しになる可能性もある。彼女のしたたかさが垣間見えた気がした。

長楽さんが重い口を開こうとしたとき、思いがけず十二所さんが割って入った。

「いや、次の仮説作りは笹目がやるべきだ。」

……って、僕!?　なんでいきなり僕を指名するのか、まったくわからない。今回の検証でも特に何か活躍ができたわけでもない。まさか、ひょっとして十二所

さんは僕を困らせようと思って言っているのだろうか。それほど大町さんの一件で僕がドヤ顔したのが気に入らなかったのだろうか。僕が思考停止している間に、十二所さんは言葉を継いだ。

「このチームのプロダクトオーナーは笹目だから。」

　十二所さんは至極当たり前だろう、という口調でそう言った。確かにそうだけど、僕はあくまで名ばかりのプロダクトオーナーでしかない。あくまでこの企画のリードは長楽さんのはずだ。そんな僕の思索をまったく気にせず、話は進んでいった。

「……わかった、笹目くんに任せよう。」

　そう、まったく予想に反して長楽さんは十二所さんの提案を受け入れたのだった。

第 **7** 章

イメージをプロトタイプすることで、理解の解像度を上げる

STORY

それって問題を転嫁しているだけですよね？

「笹目（ささめ）さん、これダメだった企画と同じですよね。」

　雪下（ゆきのした）さんの率直なフィードバックに僕は返す言葉がなかった。佐介（さすけ）くんのほうはただ首をかしげるだけで具体的な意見はない。どちらかというと僕同様、雪下さんの容赦ない言及に何も言うことなしという様相だ。僕が書いてきた仮説キャンバスの粗（あら）を探すように（僕には見える）、雪下さんのレビューは続く。

　この場に、十二所（じゅうにそ）さんはいない。僕にプロダクトオーナーとしての役割を果たせと、仮説作りを言い渡して以来、ほぼ姿を見せていない。どうも、西御門室長（にしみかど）の追加の任務を受けて、僕たちのチームにだけ関わっている場合ではなくなっているようだった。西御門さんも今期結果を出すために、とにかく数多くのアイデアを並走させている。十二所さんはそのあおりを食らっているのだ。でも、このうえに十二所さんなんかがいたら、僕はなすすべもなく、サンドバッグのようになっていたかもしれない。

「進捗報告を忘れないようにリマインドが自動化される、というのは結局、報告自体を面倒に思う人にとっては気づき方が変わるくらいで、何も変わらないですよね。目覚まし時計におけるスヌーズを繰り返しちゃうのと同じようなもので。」

長楽さんのあとを受けて、僕がひねり出した提案価値がいとも簡単にひねりつぶされていく。ひたすら首を曲げていただけの佐介くんが何かを思いついたらしく口を開いてくれた。

「そもそも手動で進捗報告しないで済むように、ソースコードのリポジトリなどから実績を採取して、報告を自動化するのはどうでしょう。」

　佐介くんの提案に対して、雪下さんはじろりと視線を変えた。

「それって、あくまで補助的な情報よね。どのくらいコードを書いているかより、本質的にどこまでできているかが知りたいわけだし。プロダクトオーナーが判断できる情報でなければ意味をなさないんじゃない。」

　そうか、結局、何をもって進み具合を測るかという基準が足りていないのだ。佐介くんにヒントを得て、ジャストアイデアを挙げてみる。

「結局、バックログアイテムの受け入れ条件がはっきりしないから、どこまでできたか判断できないんですよね。だったら、受け入れ条件をプロダクトオーナーにまず入れてもらうようにして……」

「それって、"入力するのが面倒問題"をエンジニアからプロダクトオーナーに転嫁しているだけですよね。」

　みなまで言うまでもなく雪下さんにさえぎられてしまった。不意に沈黙が僕たちに訪れた。ひたすらダメ出しをする雪下さん自身も何か突破口があるわけではない。僕らが口を開かない限り、雪下さん自身の意見が出てくることはない。

　出口のない、重苦しい雰囲気に、佐介くんが耐えかねてとにかく言葉で間を埋めようと打って出た。

「でもまあ、インタビュー結果には共感してしまいますよ。私だって面倒だと思いますから。」

「だけど、佐介くんは実際開発するとなれば、言われなくたって報告するでしょ。」

即座に雪下さんが応答する。本当に反応的なスタンスだ。

「だから、きっと人に依るのよね、この話って。」

締めくくるようにぽつんと感想を残す。この路線にはもう見込みがないんじゃないか、雪下さんは暗にそう言っているようだった。確かに、進捗報告をしっかりやれるか、そうではないかは、人に依る。そう、人に依るんだ。

「……ということは人を選べば良いってことですよね。」

僕の一言に、2人はぴたりと動きを止めた。次の発言を待ちかまえているのがわかる。

「そもそも、進捗報告でいちいち悩まなくても良いような人と出会えたら、この問題は起きない。いかに進捗報告をヌケモレなくできるようにするかではなくて、発注者と受託者のマッチングプラットフォームがあれば良いのではないでしょうか？」

そこまで聞き届けて、雪下さんが再び反応する。

「それ、似たようなサービスはもうありますよね。どこに独自性を作るんですか？」

そう来るのはわかっている。僕は、仮説キャンバス上の優位性を指さした。そこには、かつての古巣、二階堂さんチームが受け持つプロジェクト管理ツールが記載されている。

「マッチングによって、取引が成立して、そのままプロジェクトを立ち上げられる。プロジェクト管理のところをうちのサービスで補えば、とってもスムーズに進むと思いませんか？」

僕はこの案の優位性をすでに実績あるプロジェクト管理ツールの存在に求めた。雪下さんも、佐介くんも、この程度では納得しない。まだ僕の言葉を待っているのがわかる。

「プロジェクトが進行し、やがて完了する。そのとき、発注側と受託側が互いに評価を行なえるようにする。その評価が、次のプロジェクトのアサインメントを考えるときの拠りどころになる。ユーザーがこのサービスで評点を残せば残すほど、アサインメント判断がラクになっていきます。」

「確かに、プロジェクト管理ツールがあることで、ユーザーがこの仕組みから離れなくて済むので、評価を残すところまで体験をつなげられるかもしれないですね。マッチングから、プロジェクト運営、相互評価、これらが一体化することで、誰かに仕事を頼む、という手間を減らしていくことができるわけか。」

　初めて雪下さんがアイデアを補ってくれた。佐介くんも「これは、良いですね」と調子よく合わせてくれる。

　2人が好反応を示してくれたのに勇気づけられて、僕はさっそく二階堂さんと大町さんにこの構想を話してみることにした。2人とも、僕が長楽さんの下にいることや、いまだに十二所さんと一緒に仕事していることに一通りの同情の声をかけてくれたあと、即座に賛同してくれた。

「私たちのプロジェクト管理ツールとしてもありがたい話だね。正直、これ以上、なんの売りもなく広げていくのは限界だからね。」

　大町さんの愚痴っぽい感じを見ると、いまだまとまった機能追加は行なえていないようだった。二階堂さんは、慣れた口調で冷静に対応する。

「仕方ないだろう。ようやく負債の目処がついてきたところだからな。それはそうとしても、笹目くんたちがこの企画を進めてくれるのは嬉しいことだね。できる限りこちらからも協力させてもらうよ。」

　この構想には二階堂さんチームとの協働が欠かせなくなる。この段階でアイデアのフィードバックだけではなく、先々の協力を買って出てくれたのはとても心強いことだった。さっそく、僕は2人にインタビュー先をあたっていくことへの助力を願い出た。僕の仮説で進めていくとすると、想定ユーザーはプロジェクト管理ツールの現在のユーザーになる。数多くのプロジェクトを手掛けていたり、並行してプロジェクトを走らせているようなユーザーがアーリーアダプターと目さ

れる。二階堂さんと大町さんはユーザーの抽出はもちろん、インタビュー調整まで買って出てくれた。

久々にチーム全員が集まったミーティングでも、僕の仮説への反応は上々だった。

「良いじゃない。こういうのを待っていたんだよ。」

珍しく長楽さんが冗談っぽく、オーバーリアクションで応えてくれた。その様子に雪下さんと佐介くんがそれぞれ冷ややかに対応する。

「長楽さん、笹目さんに助けられましたね。」

「前回のインタビュー結果からヒントを得ていますから、あれも一応ムダにはならなかったです。」

「やっぱり、俺が身を引いたのが功を奏したんだよ。」

2人の嫌みをさらりと交わす長楽さん。3人とも見たことがない機嫌の良さだ。一方、珍しくミーティングに参加しにきた十二所さんは反応がない。仮説キャンバスをひとしきり眺めたあと、押し黙っている。たまりかねて僕は十二所さんを名指しした。

「どうでしょうか、十二所さん。」

少し認めてもらいたい気持ちが出ていただろう。僕の表情から得意げな雰囲気を感じ取りでもしたのか、十二所さんは極めて冷たい横顔で答えた。

「結果は、検証すればわかる。」

「それって、うまくいかないって思っているっていうことですか？」

即座に雪下さんが問いただす。僕なら聞きたくても怖くて聞けないことでも雪下さんは何の躊躇もない。このあたりの遠慮のなさと反応の早さは雪下さんの持

ち味だ。十二所さんはうなずくこともなく、それきり固く口を閉ざしてしまった。あまりにも冷たい態度に、みんなあきれるような雰囲気がただよった。誰もそれ以上、十二所さんに触れようとしなくなってしまった。

明らかに「うまくいかないだろう」という雰囲気を匂わせるところが気にかかったが、僕もこれ以上、追いかけるのはやめることにした。今は、みんなと前に進むことを選ぼう。

二階堂さん、大町さんの協力もあって、2回目のインタビュー検証はとても順調に進めることができた。僕ら自身、2回目とあってインタビュースクリプトの作成やインタビューの実施そのものに少し慣れていたところもある。2週間の1スプリントで、おおむね検証を終えることができた。

その結果もなかなか良くて、エンジニア側も、クライアント側も、あからさまに否定的な意見を挙げる人はいなかった。プロジェクト完了後に相互に評価できるという仕組みに、双方とも食いつきは良かった。今まで苦労してきた相手選びの助けになるし、評価が待っていることを思えば、相手とのコミュニケーションもほったらかしというわけにはいかない。進捗の共有も進みそうだった。

「なんか"お互いに良い人と出会えて、仕事ができる"という基本的な欲求と一致しているようですよね。」

あらためてインタビュー結果を眺めながら佐介くんは分析してみせた。長楽さんも、深くうなずいて賛同した。

「こんな反応の良さは、今まで見たことないな。」

チームのみんなの反応に僕は胸がおどった。結果そのものより、自分が貢献できていることが嬉しいのだ。そんな様子を見透かしたように、雪下さんは冷静に言った。

「次はプロトタイプによる検証ですね。よりPSF[1]の確からしさが得られるかどう

※ 1　　Problem-Solution-Fit ／課題と解決策の適合度合い。

かですよね。」

　そう、次にやることはわかっている。インタビューでイメージを話して確認するだけではなく、プロトタイプを準備して再度検証に臨んでいくことになる。プロトタイプ作りとその検証にあたっては、デザイナーとしての雪下さんに期待がかかるところだ。僕がその期待を具体的に口にすると、雪下さんはぬっとサムズアップした。任せろということらしい。僕は僕たちがようやくチームらしくなってきたんだと感じた。

———— STORY 💬 > 🔳 解説 ————

🔳 解説　学びの「ターンアラウンド」に基づき検証手段を選ぶ

　仮説検証は段階的に進めていきます。初期段階のインタビュー検証で、**①アーリーアダプターの特定**、**②アーリーアダプターでのPSFの確認**まで行ないます。この段階では、せいぜいイメージ図やストーリーボードを用いた検証にとどまっています。検証する側も、対象者も、互いに思い描いているものはイメージレベルです。その状態でPSFが確認できたと言っても、「そもそもイメージしていることに相違がある」「なんとなくのイメージによる感想でしかない」といった可能性が十分にあります。

　この先は、検証内容のリアリティを高めていく必要があります。イメージ図でのコミュニケーションではなく、テーマの実際（現実の様子）がわかるような検証物を用います。これを**プロトタイプ**と呼びます。リアリティを高めた検証物に対することで対象者のリアルな反応を期待します。よりPSFの確からしさを高めるのが、このプロトタイプ検証での狙いになります。

　では、具体的にどのようなプロトタイプ検証を選べば良いのか、再び**現実歪曲曲線**上で考えていくことにしましょう（**図7-1**）。

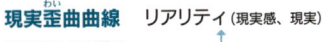

現実歪曲曲線
現実そのもの以外の
手段で現実に似せる

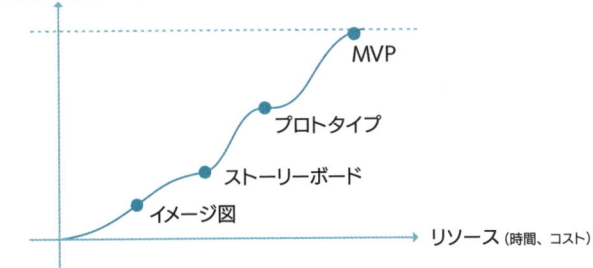

図7-1 プロダクトづくりの現実歪曲曲線 [図2-1再掲]

　プロトタイプはリアルを模した検証物であり、いかに対象者に上手に現実と錯覚してもらうかが焦点になります。プロトタイプの見た目は実際のプロダクトのものだとしても、現実に触れるところは限定的でいわばハリボテでしかありません。それでも対象者の反応をリアルに近づけていくには十分です。

　もちろん検証物のリアリティを高めていくと、それに要するリソース（時間、コスト）に跳ね返っていきます。いきなり現実歪曲曲線上の右上（現実のプロダクトそのもの）に着手するのではなく、まずは少ないリソースで早く学びを得られるようにすることを指針に置きましょう。ではなぜ、学習速度にこだわるのでしょうか。

　それは**早く学べば、その分だけ早く次に取る判断をより良く変えられる**からです。1年かけて初めて何かを学んだとしたら、それを活かせるのは366日目からです。もし1週間で学びを得られるとしたら、それを活かせるのは8日目からです。不確実性の高い領域、テーマにおいては、長く一定の学習状態にとどまるのはリスクが高いと言えます。学習が止まっている期間中に取る判断や行動が、浅く古い理解に基づくことになり、誤りを抱え込んでいってしまう可能性が高くなるためです。

　こうした次の学習までにかける時間のことを「**学びのターンアラウンドタイム**」と言います（**図7-2**）。

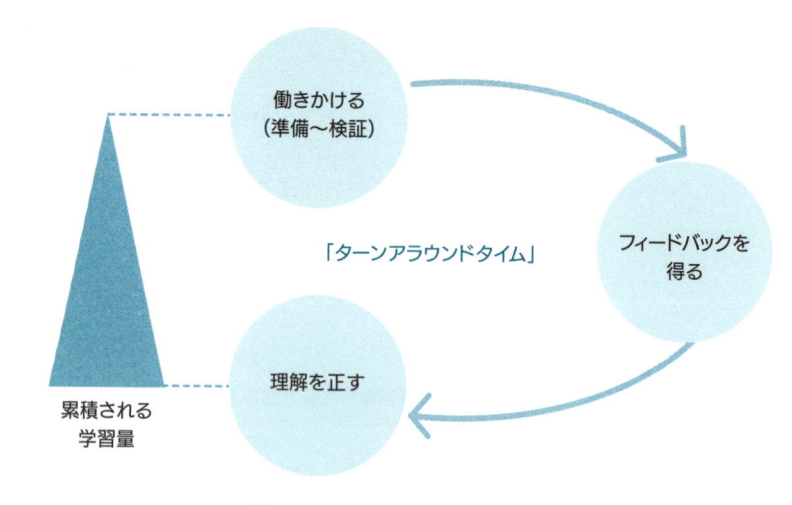

図7-2 学びのターンアラウンドタイム

この時間をいかに短くした検証が行なえるか。現実歪曲曲線上でも、限りなくターンアラウンドタイムを短くする検証を選択します。ただ理想は、それでいてリアリティの高い反応が得られる検証です。もちろん、アプリなど何らかのデジタルプロダクトを模すにあたって、手軽に高い表現性を担保できるプロトタイピングツールは欠かせない手段です。さらに、プロトタイピングにかける時間を最小にしてリアリティを高めるとしたら、「代替手段（競合）」となっているサービスを用いた検証も検討しましょう。

競合サービスは当然ながらすでに完成品であり、厳密には「プロトタイプ」とは呼びません。ですが、競合サービスをプロトタイプとして見立てて検証を行なうことで、「①リアルそのものへの反応が得られる」「②準備のためのタイムリソースをかける必要がない」という利点が得られます。

ただし、検証の観点は通常と「逆」になります。「代替手段」には解決できない不満、不足が存在する。だからこそ新たな提案価値を模索するわけです。ということは、**競合による検証結果では、仮説で挙げている不満、不足が表出してくるかを確かめるのが主眼になります**。いきなり自分たちの提案価値をプロトタイプで表現する前に、こうした検証を挟むことで、よりPSFに必要な解決手段の明確化につなげられるでしょう。

プロトタイプ検証での狙いを定める

　ここでプロトタイプ検証を考えるうえで、**「どのような手段を選ぶか」**の前に**「何を学びたいのか」という観点がある**ことに気づくはずです。プロトタイプ検証で、対象者のリアルに近い反応を得たいといったとき、それは具体的に何を知りたいのか。課題仮説が合っているのか、それとも提案する手段が確かに課題解決につながるのか。ここがぼんやりしているようだと、いかにプロトタイピングを緻密に行ない、検証したとしても、得られる気づきが少なくなります。

　プロトタイプ検証を終えたら、次の段階はMVP検証です。つまり、リアルそのものの実現に入っていくわけです。こうした段階が進むほどに、手戻りにかかる損失が大きくなります。仮説の根幹に実は誤謬（思い違い）が含まれていたということに気づくのが遅れれば遅れるほど、検証は進んでしまっているわけですから。このプロトタイプ検証で何を学ぶ必要があるのか、丁寧に考え、具体的に言語化できるようにしておきましょう。このことを考えるうえで、第2章で登場した3つの仮説分類を再度用います（**図7-3**）。

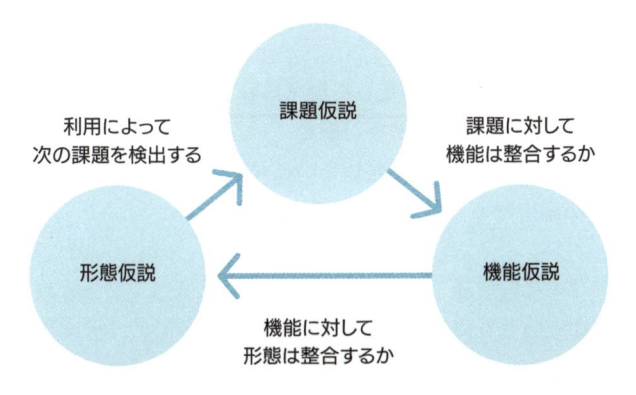

図7-3 3つの仮説（課題仮説、機能開発、形態仮説）［図2-2再掲］

　あらためて「課題」とは解決するべき対象であり、「機能」は具体的な解決手段、そして「形態」は機能を利用可能とするインターフェースやデバイスなど対象者が触れる境界にあたります。当然ながら、「課題」が明確でなければ必要な「機能」の仮説を立てることができません。また、いくら「機能」だけあっても利用できなければ課題解決が始まることはなく、対象者に合った「形態」が求められ

ることになります。この3つの観点がかみ合うことで、対象者は課題解決やニーズの充足を果たし「価値」を手にすることになるわけです。

プロダクトについてのプロトタイプでは「機能」と「形態」を表現することになります。「課題」は対象者自身が抱えているものであり、プロトタイプを見る、触れるなどの体験を通じて、課題解決が可能かどうかの評価を行ないます。この評価、フィードバックを得ることがプロトタイプ検証の狙いです。ですから、**プロトタイプ検証までに対象者（アーリーアダプター）と「課題」の特定を行なっておく必要がある**のです。さもなくば、いくら「機能」「形態」をプロトタイピングしたとしても、「課題」「機能」「形態」がフィットすることはありません。

とはいえ、実際にはプロトタイプを目の当たりにすることで初めて、作り手が捉えるべき「課題」が間違っていた、対象者自身が何が「課題」なのか認識違いをしていた、ということがわかるのはよくあることです。先に述べた通り、よりリアリティのあるイメージが突きつけられることで、「課題」が鮮明になってくるからです。それだけにプロトタイプ検証もできる限り早期に実施しておきたいのです。

プロトタイプ検証で何を学ぶのか、まとめておきましょう。

(1) 解決するべき「課題」が正しく捉えられているか
(2) 「機能」によって課題解決が可能か
(3) 「形態」は対象者にとって適しているか
(4) 新たに認識できる「課題」はあるか

プロトタイプの体験を通じて、新たな「課題」に気づくこともあります。より課題解決をうまく行なうにはどのような調整が「機能」や「形態」に必要となるか、というプロダクト側の「課題」。あるいは、プロトタイプで捉えている課題以上に、または準じて解決するべき対象は何か、といった気づきが対象者からもたらされる可能性もあります。繰り返しですが、これらも検証のリアリティを高めることで得られる効果と言えます。

何をプロトタイプするのか

ここまで「プロトタイプ」と一口に扱ってきましたが、実際には何をプロトタ

イプするのか、プロトタイプする対象にも種類があります（**図7-4**）。

（1）モノ（プロダクト）のプロトタイプ
（2）コト（状況）を含めたプロトタイプ

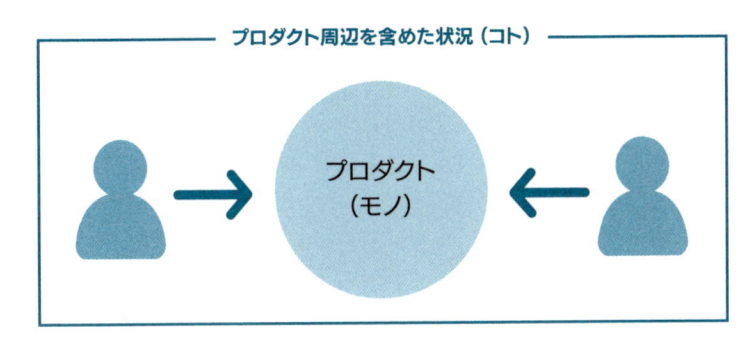

図7-4 モノとコト

　プロトタイピングツールで表現しているのは「モノ」自体です。一方、プロトタイピングしたい対象がモノだけに収まらず、モノを含んだ「状況」にまで広げなければ有効な検証にならない場合があります。それは「モノ」が果たす役割、「モノ」が関係する範囲が限定的なケースです。たとえば、人の健康管理、改善を支援する事業を構想するとします。次の❶から❸をサービスとして実施します。

❶ 対象者の身体状況を計測する
❷ 計測結果に基づき、必要な助言と健康改善プログラムを提案し、実行してもらう
❸ その結果を再度計測し、次のプログラムに移行する（これを繰り返す）

　このうち対象者のバイタルデータを取得し、身体状況の可視化をスマホアプリで行なえるようにして（❶に該当）、❷❸はリアルな場の提供、サービス提供者と対象者の間の実地のコミュニケーションで運営するとします。「モノ」のプロトタイプとしては❶のスマホアプリが対象となり、❶の「機能」「形態」についての検証を行なうことができます。ですが、この事業としての重点が❶よりもむしろ❷❸のほうにあるとすると、肝心の対象がプロトタイプできていないことになります。ですから、❷❸を含めた「状況」そのものをプロトタイピングした検証が必要となるのです。

　具体的には「状況」をチームメンバーで再現し、その中で「モノ」のプロトタイプを埋め込み、必要な検証を行ないます。すべてを再現することはできないため、「計測したことにする」「健康改善プログラムを実行したことにする」といった具合で、「状況」を模擬的に進行させていくことを部分的に取り入れていきます。

　それは、あたかも「演劇」に取り組むような状況です。この検証でも、演劇にも必要な台本（シナリオ）作りが欠かせません。どういう役割があり、それぞれどんな振る舞いをするのかについての整理です。また、台本を用意するとはいえ、対象者に代わって再現するため、チームメンバーが対象者の思考や行動を自分自身に宿しておく必要があります。ここでインタビュー検証の積み重ねが効いてきます。逆に言うと、インタビューで実地の対象者の声や反応に触れていないメンバーが対象者を再現するのはハードルが高くなります。

　こうした演劇的に再現させて、その様子からフィードバックを得たり、自分で演じたりするからこそ得られる気づきを捉える検証方法（「アクティングアウト」）とは別に、**「ナラティブ・プロトタイピング」**という手法があります。状況再現型の演劇プロトタイピングは、再現者や環境の準備を含め、やや大掛かりな検証になる場合があります。先に述べた通り、「学びのターンアラウンドタイム」を短くするには、より「状況」のプロトタイピングに必要なリソースを抑えて、軽快にフィードバックを得たいところです。そのために考案されたのが「ナラティブ・プロトタイピング」であり、「状況」の再現を「ストーリー」で行なう手法です（**図7-5**）。

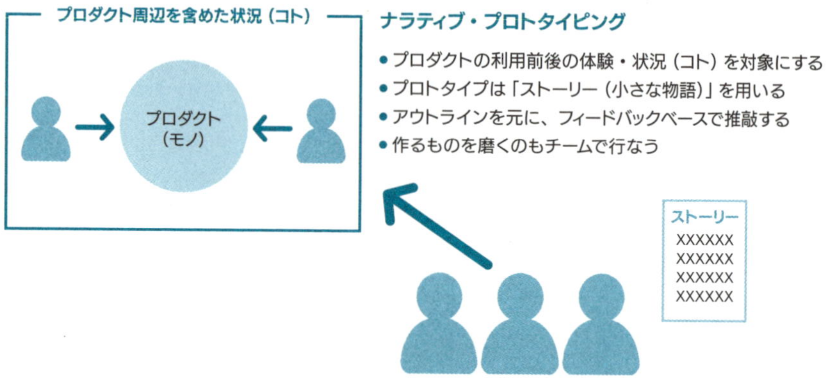

プロダクト周辺を含めた状況（コト）

プロダクト
（モノ）

ナラティブ・プロトタイピング

● プロダクトの利用前後の体験・状況（コト）を対象にする
● プロトタイプは「ストーリー（小さな物語）」を用いる
● アウトラインを元に、フィードバックベースで推敲する
● 作るものを磨くのもチームで行なう

ストーリー
XXXXXX
XXXXXX
XXXXXX
XXXXXX

図7-5 ナラティブ・プロトタイピング

ストーリーで表現するがゆえに、「状況」の再現は自由自在です。言葉で表現することができるものであれば、再現できないものはありません。逆に、言葉で表現しきれない、実際の「状況」における「感じ（雰囲気、感じ方）」については別の手段で捉える必要があります。

　このように「何を学ぶか」という言語化は極めて重要です。何を学ぶかによって、選択するべき手段も変わるからです。こうした言語化、および検証の方針を端的にまとめるための手段として**「検証キャンバス」**があります（**図7-6**・**図7-7**）。検証のプラン作りは重要な活動ではありますが、時間をかければ良いというものでもありません。クイックにチームとしての認識を揃えることを実現しましょう。

テーマ：

Why	何を検証すべきなのか	
	検証すべき仮説 **検証するべき仮説は何か?** （仮説キャンバス上の何を確かめたいのか?）	検証対象の指標と事前期待 **検証で確かめる指標と値** （何の指標がどのようになったら 仮説が確からしいと言えるか）

How	どのようにして検証するのか		
	検証物のタイプ **プロトタイプ、動くMVP、人力MVP等**		検証物が備えている機能、特徴 **用意するプロトタイプ、MVPの特徴**
	検証の方法 どのようにして 検証を行なうか	検証の環境（対象、人数） **検証対象の人数など**	検証のマイルストーン 準備から実施までで 捉えるべきマイルストーン

What	検証して何を学んだか	
	検証結果（事実） **検証から「事実」として得られたこと**	検証から学んだこと **得られた事実から「わかった」こと**
	次にやること **わかったことに基づいて「次にやるべき」こと**	

図7-6 検証キャンバス

	何を検証すべきなのか	
Why	検証すべき仮説 **受託者の評価が可視化されることで 受注者は仕事を依頼する判断が容易になる**	検証対象の指標と事前期待 **プロトタイプ検証（インタビュー）の結果、 8割以上の被験者が好反応を示す** （発注判断が向上すると回答される）

	どのようにして検証するのか		
How	検証物のタイプ **プロトタイプ** （デジタルプロトタイピングツールの利用）		検証物が備えている機能、特徴 **受託者の評価の可視化、受託者検索、…**
	検証の方法 **プロトタイプを閲覧・利用後 にインタビューを直接行なう**	検証の環境（対象、人数） ・Web会議ツールで実施する ・人数は10名	検証のマイルストーン X/XX プロトタイプ制作 X/XX インタビュー開始 X/XX 検証結果の分析

	検証して何を学んだか	
What	検証結果（事実） **（検証実施後に記載する。 インタビュー結果の総括などを記載する）**	検証から学んだこと **（検証実施後に記載する。 左記の総括から新たにわかったこと、 判断できることを記載する）**
	次にやること **（検証実施後に記載する。学びを踏まえて次にやるべきことを記載する）**	

図7-7 検証キャンバスの例（受発注マッチングプラットフォームの場合）

　プロトタイプ検証によって、新たな学びが得られるでしょう。その学びの反映先はもちろん仮説キャンバスです。状況、課題、提案価値、実現手段など、リアリティが高まったことで「実際にはこうだった」というアップデートが少なからず出てくるかもしれません。反映する際にも、「仮説の一本線」に留意しましょう。事実として得られたことを忠実に記載する一方で、「仮説の一本線」がずれてきていないかに目を配ります。**なし崩し的に仮説が成り立っていると判断するのではなく、ずれていることを受け止めることが大事です。**一本線の整合のために、新たな仮説の立案や追加検証が必要になるはずです。

プロトタイプ検証が振るわない

（また、この反応か……）

　僕は積み重ねられていくプロトタイプ検証の結果に、目がくらむ思いがした。発注者と受託者によるマッチングプラットフォーム、その目玉は相互評価機能になる。評点に基づいた受託者候補の絞り込みができる。

　このイメージをプロトタイプにして、インタビュー対象者に実際に触ってみてもらう。ほぼ紙芝居的にアプリのページが遷移していく単純なものでしかないが、評価の可視化など何を表現しているかはよくわかるようになっている。雪下さんの腕前は大したものだった。なのだけど……。

「確かに、評点の絞り込みは参考にするでしょうね。しかし、実際に発注まで決められるかというとそうでもありません。」

　今回のインタビュー相手は、ほぼ二階堂さんが手配してくれた方々だった。開発の発注を実際に行なっている企業内の担当者がこの検証に臨んでくれている。目の前にいる、僕の質問に受け答えしてくれる方もその一人で（そのイニシャルからKさんと呼ぶ）、最初から一度も良い反応がない。もともとの性格なのだろうけど、機械的に回答が淡々と繰り出されてくる。その中身は他のインタビュー対象者がすでに回答してくれている内容とほぼ同じだ。

「この評点で発注が決められないのはどういう理由からでしょうか？」

「わからないから。」

　まるで十二所さんのような、かぶせ気味の回答が即座に返ってくる。

「これから頼む仕事に本当に適した相手なのかがこれだけではわからない。過去に評価した他者がどんな仕事をどういう観点で点数をつけているのかわからない以上、評点はあくまで参考値にしかならない。」

理路整然とした回答とともに、Kさんからは落ち着いた冷たい視線も送られてくる。まるで「こんなインタビューに何か価値があるのか?」と言っているように見える。雰囲気があまりにも十二所さんに似ているので、このやりとりにも既視感がある。

「結局は直接会話して、それまでの実績を聞いて、これから頼む仕事との適合具合を自分の目と耳で確かめるしかない。そうなると、このソリューションをあえて活用する意義は感じられない。プロジェクト管理ツール自体も他にたくさんあるから。」

　Kさんの回答結果が企業側の反応を代表していた。この結果はインタビュー検証とはまったく逆と言って良いくらいだった。そして、それは受託側も同じだった。結果がかんばしくない。

　次に、僕が担当した受託側のインタビュー対象者は、フリーランスのエンジニアの方だった(Mさんと呼ぶ)。キャリアが長く、この手の受発注をもう何度も経験されている。体格の大きな方で、すでに肌寒い季節に突入しているというのに額に汗をにじませているように見える。こちらの発言を聞き逃すまいと真摯に検証に臨まれているのがわかる。

　僕は、前回のインタビュー結果をチラ見しながら、Mさんの「あまり使うイメージがない」という今回の反応に肩が落ちる思いだった。

「今回のインタビューの前に、一度お話をうかがっていますが、そのときは"このソリューションを積極的に利用したい"というご回答でしたが……」

「そうですね。そのときは、相互評価という仕組みが良いなと思ったのは確かです。しかし、今回実際のサービスイメージでどんな利用になるのか全体像がわかってしまったところがあり、思いを改めた次第です。」

　丁寧に回答しながら、Mさんは首にかけていた手ぬぐいのようなもので額をぬぐった。最初は、発言が前回から変わってしまっていることに焦りでも感じているのかと思ったけど、どうやら単純に暑さによるものらしい。僕は同席してくれていた佐介くんに、部屋の温度を下げるように頼んだ。

「なるほど、前回はソリューションの全体イメージがわいてなかったということですね。」

「いえ、全体のイメージは持っていました。でも、その想像があいまいだったようです。最初から、順を追ってサービスの利用を追っていくことで、この評価機能は参考程度にしかしないだろうなと気づいたのです。」

　Mさんはまっすぐに僕の目を見てそう答えた。今度こそ、間違えないように答えようという思いの真剣さが伝わってくる。その姿勢はとてもありがたいのだけど、回答がこちらの想定からはかけ離れているだけに、落胆がどうしても込み上げてくる。

　結局、発注側も受託側も、プロトタイプ検証は散々な結果だった。10名ずつ実施したが、どちらも好反応として勘定できる対象はほぼいなかった。「仕事を頼みたい、受けたい相手を見つけられない」という課題仮説は存在したが、機能仮説が合っていない。評価機能では、結局相手を決められないと、双方が口を揃えて証言してくれている。

　あまりにも鮮明に結果が出てしまったために、雪下さんも佐介くんも、「次どうする？」という話を口にできないでいた。こんなときにこそ、十二所さんの力を借りたい。だけど、相変わらず別のプロジェクトにかり出されてしまって、まったく、その芽はない。完全に行き詰まってしまった僕に声をかけてきたのは思いがけない人だった。

「結果がはっきりと出てしまったみたいだね。」

　長楽さんだった。もともとは自分の企画だったから、行く末が気になるんだと、言う。

「相互評価機能、俺も良いと思ったんだけどね。でも、回答結果を眺めていると、確かになと思えてくる。俺も発注側のマネージャーにあてはまるし、受託側をやっていた頃もある。両方の立ち位置から、確かに相手を信頼するのは簡単ではないなと。」

自分も意見を変えてしまっていることに（長楽さんも相互評価機能に太鼓判を押していた一人だ）、気まずさを感じているのだろう。長楽さんは「確かに」を連発して、結果が妥当であること、そして、そういう結果になってしまったのは僕のせいではないと気づかってくれた。

「考えてみれば難しいテーマだよな。進捗をちゃんとあげてほしいというのも、結局、相手を信頼できたり、できなかったり、一定ではないから問題になってくるんだよな。人を信頼するためには、というテーマとして捉えると、むちゃくちゃ難しい話だ。」

　あまりにも僕が気を落としているように見えたのだろう。長楽さんはどんどんなぐさめる方向へと向かっていく。それは最初の長楽さんとの出会いからすると、とても意外なことだった。僕が黙っていると、長楽さんは勝手に間を埋めていってくれた。

「今のチームだって、そうなんだよね。最初はさ、雪下さんも佐介くんも、みんな任せられるのか、まったくわからなかった。だから、自分で企画案を強引に出したんだよね。」

　そうだったのか。てっきり長楽さんは自分が出した企画に入れ込んでいたのかと思っていた。わかりやすく目につくことだけで安易に思い込んでしまう。なんのことはない、前回のインタビュー検証だって同じじゃないか。想定ユーザーの反応を聞こえるがままに受け取り、それ以上吟味もせず、それだけを頼りに判断を進めてしまった。

「十二所くんなんて、今もまったくわからないけどね。でも、それは笹目くんに対してもだった。だけど、インタビュー検証をゼロから準備してさ、二階堂くんたちにも話をつけにいってね、こうやってチームで協力して進めていく様子を見て、ようやく気づいたんだよね。結果はいまひとつだったけど、次も、笹目くんをはじめとした、このチームに任せていけば良いんだろうなって。」

　そう言ってから、長楽さんは「やっぱり十二所くんのことはわからないけどな」と付け加えるのを忘れなかった。十二所さんをダシにして僕の笑いを誘い出そうとしているのだろう。それに気づいて、釣られ笑いをする僕を見て長楽さんは満

足そうだった。

「いや、本当わからないんだよね、一緒に仕事してみないと。」

　……繰り返す長楽さんに、僕ははたと気づいた。それじゃないのか、このテーマに必要なのも。結局、相手のことをどのくらい信頼して良いのかは一緒に働いてみるまでわからない。僕だって身に覚えのあることだ。

　その最たるが、十二所さんだ。最初の印象は、これ以上にないくらい最悪だった。でも、少しずつ時間をともにする中で、本当は受け取る印象と本質は違うのではないか、と思うようになった。たぶん、ここまで仕事をともにすることがなければ、ずっと十二所さんへの見方は変わらないままだっただろう。そう、必要なのは、まず一緒に時間をともにすることなんだ。

「長楽さん、ありがとうございます。何か次の仮説が見えてきた気がします。」

　そう言われた長楽さんは何かわからないけども、まあ良かったと苦笑いを見せた。僕は、その後さっそく仮説キャンバスのアップデートに取り掛かった。でも、まだアイデアレベルの仮説しか見えていない。もっと、想定する対象者の声を集め直す必要があった。

　そこで僕のほうから声をかける前に、ちょうど二階堂さんから「次の検証候補がリストアップできた」と連絡が入った。二階堂さんはインタビュー相手の探索を続けてくれていたのだ。プロジェクト管理ツールのユーザーの中でツールの利用頻度が極めて高い、いわゆるヘビーユーザーを紹介してくれるという。僕たちはすぐにインタビューの調整をつけた。もちろん佐介くんと雪下さんもインタビューの継続に付き合ってくれた。

「プロジェクト管理ツールをめちゃくちゃ利用しているってことは、すでに進捗報告とか、仕事を頼める相手かどうかとか、僕たちが目をつけている問題に遭遇して、乗り越えている可能性も高いってことですよね。」

　佐介くんの想定はもっともだった。ユーザーにもいろんな状態がある。今回のようにヘビーな利用をしているユーザーは、こちらの想定を超えたところにすで

にたどり着いているかもしれない。雪下さんも、同意した。

「そうね、ヘビーに利用できているってことは、実はPSFを独自に達成している
ユーザーかもしれないよね。そういうエクストリームなユーザーが何をしている
のか、手がかりがあるかもしれない。」

　インタビュー相手は企業内担当者ではなく、シビックテックのコミュニティを
運営している人で（Sさんと呼ぶ）、細かいプロジェクトを何本も同時にこなす日
常を送っていた。何人ものフリーランスや副業メンバーでチームを組成し、器用
にプロジェクトを運営されているようだった。

「まあ、わからないですよね。相手がどのくらい信頼できるかって。」

　Sさんは、ややふくよかな体型の方だった。日々かなり忙しくされているのだ
ろう、無理やり時間を作ってきました、あまり寝ていません、という顔色がWeb
会議越しにも見て取ることができた。

「だから、最初に“小さな仕事”をやるんだよね。」

　あくびをかみ殺しながら、Sさんはそう言ってのけた。

「なんのために、そんなことするのですか？」

「決まっているじゃないか、仕事に臨むスタンス、力量、仕事のペース。いろんな
ことが2〜3週間もやれば垣間見えてくる。長い目のプロジェクトにいきなり入る
前にあえて小さな仕事をこなしておくことで、その後も一緒にやれるかどうかを
判断するんだ。いや、もちろん全部は見通せないよ。」

　Sさんはそういう仕事のことを「サンドボックス（砂場）」と呼んだ。多少失敗
したところで、大勢に影響が出ないような仕事。

「そういう仕事を通じて、互いに判断するわけですよね。発注側も、受託側も。」

　僕の確認に、Sさんは小さくうなずく。佐介くんが質問を重ねた。

「なるほど、小さく区切った仕事だからこそ、短期間で結果が得られる。そうして、次どうするかの判断を早期に得られるようにするわけですね。」

「そう。最初の仕事は、"**小さく、短く、一巡させる**"。」

　Sさんはおまじないでも唱えるようにそう言って、今度は遠慮なく大きなあくびをした。小さくとも、何らかのアウトプットが得られるまでは行なう。一通り仕事に必要なプロセスをたどることで（一巡させることで）、一面による判断で間違えてしまうのも防げる。コミュニケーション上での口は立つけども、肝心のコードを書くだとか、アウトプットのための腕前のほうは大したことがない、なんてことがないように。

　あえて、メインの仕事の前に「サンドボックス」的なプロジェクトを組成できるようにして、「小さく、短く、一巡させる」のアシストをする。そうすることで、組む相手を決める最初の問題を乗り越えられるかもしれない。僕は、雪下さんと佐介くんの顔を見た。勘の良い2人も、すでに察してくれているようだった。

　Sさんからもらった手がかりを元に仮説を立て直す。その後、再び検証にトライすることになる。プロダクトがまた大きく変わる予感がする。何をプロトタイプするか、から考え直す必要があるだろう。そんな僕の不安にも似た気持ちを雪下さんは読み取ったのだろう。何も言わずに、またサムズアップした。雪下さんの表情に「任せろ」という言葉が浮かんでいる。そんな僕らの無言のやりとりをもちろんまったく理解することなく、Sさんは眠そうに目をこすりながら言った。

「そんなことより、プロジェクト管理ツールにつけてほしい機能があるんだけど。」

解説　検証のための「範囲特定」

　「課題」に対して、表現するべき「機能」「形態」をどこに置くかの範囲特定は、実地の検証を行なうにあたって不可欠なことです。プロトタイプ検証および、その次のMVP検証を行なうにあたって、この「範囲特定」の方法について解説して

おきます。

　基本的には、想定ユーザーが取りうる行動範囲（プロダクト上の利用可能な範囲）の全域を対象に検証物の制作を考えます。全体を捉えたうえで個別の範囲を特定する、というのは仮説検証における原則として捉えましょう。

　ストーリーでも、個別の機能性（評価機能）については好反応であったにもかかわらず、プロダクトの全体的な利用が見えてくると、注目していた機能性では問題解決にならないという顛末を迎えています。こうした事態に陥らないために対象者の状況を詳細に捉えていき、仮説の解像度を上げていくようにしましょう。そのためには、本解説で示すようにユーザーの行動を時系列的にフローとして捉えて、真に課題解決が可能なのかを吟味する必要があるのです。

　ユーザー行動（状況）の全域を捉えたうえで、「範囲特定」を行ないます。「範囲特定」が必要となる理由は以下の通りです。

（1）すべての行動範囲を表現するには制作に時間がかかりすぎる
（2）全域を扱うと情報量が多くなり、対象者が受け止めきれず混乱を招く恐れがある
（3）全域のうちフォーカスしたい範囲すなわち重要性が高いとみる価値仮説がすでにある

　いずれの場合も全域を表現するのは得策ではなく、範囲特定を行なうことになります。これは、プロトタイプ検証・MVP検証で共通することです。プロトタイプ検証の場合、プロトタイピングツール等を用いて、全域を表現しきれてしまうところがあります。ただし、（2）や（3）の観点から、対象範囲を絞り込む必要が出てくるという点ではMVP検証と同様です。

　MVP検証の場合は、実地のプロダクトを開発する場合があり、なおさら範囲特定が必要となるはずです。最初から、対象者が取りうる想定の行動範囲をすべてカバーするような機能性を揃えるのは、時間・コストの観点からも、検証の観点からも望ましくありません。PSFの確からしさを得る最終段階をMVP検証として捉えると、MVP検証においても「学びのターンアラウンドタイム」を適用する必要があります。この段階においてもいまだ提案価値の成立を確定的に捉えること

はできません。「使える予算があるからこの機会にできる限り機能性を詰め込んでおこう」というのは、適応の早さを最大化する考え方に反することになります。ゆえに、検証を進めていくにあたって範囲特定の方法をチームで身につけておくことは必要不可欠なのです。

具体的には、ユーザーの行動ベースで、必要な機能性を特定していきます（**図7-8**）。

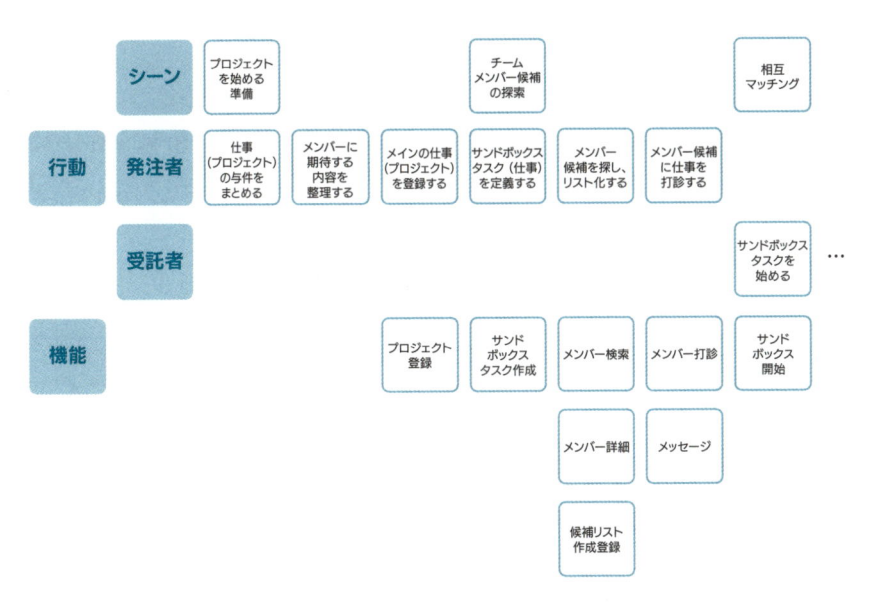

図7-8 ユーザー行動フロー（ToBe）

ユーザーの行動フローを洗い出すにあたって、提案価値の適用前（AsIs）と適用後（ToBe）の2つの観点が考えられます。範囲特定に必要なのは適用後のほうです。ただし、たいていの場合、適用後を描くためには現状を詳細に可視化していなければ、具体的な機能性を導くことができません。まず、プロダクトが登場する前の、現状の「行動」、それに伴い発生する「課題」を洗い出しましょう。いずれも、仮説キャンバスに存在する観点です。行動は状況、課題は顕在・潜在課題、代替手段の不満が該当します。

現状の行動フローを踏まえて、提案価値の適用後の状態を描きましょう。描く内容は、「行動結果を改善するレベル」と「行動自体を変えるレベル」の2通りが

あるはずです。前者であればAsIsをベースに、後者であればフロー自体の見直しを行ないます。いずれにしても、仮説キャンバスで示している「仮説の一本線」にのっとり、AsIsに対する変更を加えます。

新たに取られる行動、その行動を支える機能をフロー上にマッピングしていきます。課題の解決、ソリューションの適用に抜け漏れが出ないよう、仮説キャンバスとの照らし合わせを随時行ないましょう。

適用後のフローが描けたところで、「範囲特定」を行ないます。観点は2つです。1つは、**重要性の高い範囲**はどこか。具体的には、仮説キャンバスで捉えた提案価値の実現に最も関係する範囲を選び出します。もう1つは、**対象者の体験が成り立つために必要な範囲**を補足します。重要性の高い機能群だけではなく、実際には体験上前提となる機能が存在します。この2つの観点で、プロトタイプもしくはMVPで実現する範囲を特定します（**図7-9**）。

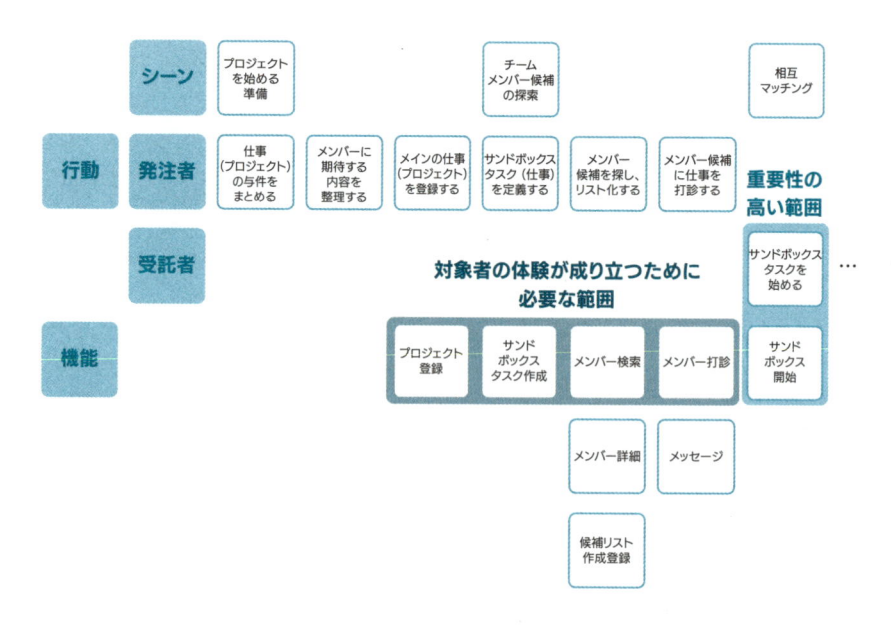

図7-9 ユーザー行動フロー上での範囲特定

範囲特定を終えたあとに、あらためて「課題」「機能」「形態」が表現できているかを点検します。

こうしたプロトタイプ検証を行なっていくにつれて、徐々にチームとして取り組むタスクが多岐にわたっていきます。インタビュー検証を継続しながらプロトタイプの対象特定や制作を行なうといった具合です。この段階から仮説検証活動におけるスクラムの適用を検討しましょう。やるべきことをバックログとして捉え、スプリント単位でチームの取り組み結果をレビューする。そうした反復を繰り返しながら漫然と時間を消化しないように、スプリントゴールを設定したり、3〜4か月程度の範囲でどのようなマイルストーンを乗り越えていくか、進め方の仮説を立てておく。開発同様に透明性、検査、適応の原則を持ち込むには良い段階と言えます。

もちろん、仮説検証の初期段階からスクラムを適用してもかまいませんが、チームとして取り組むべきことがそれほど並行しない段階でもあります。その必要性は適宜チームで判断しましょう。むしろ、仮説キャンバスを全員で作る、インタビュースクリプトを全員で叩くなど、モビング[2]を取り入れてチーム全員でのワーキング・検査適応を優先すると良いでしょう。

 —— 解説 > STORY ——

 プロトタイプ検証で得られた手応えをMVPの開発につなげる

「へー、これならいけそうだね。」

ピボット[3]として臨んだプロトタイプ検証の結果を眺めながら、長楽さんは静かにつぶやいた。僕は目立たないようにこぶしを握りしめた。雪下さん、佐介くんとアイコンタクトを交わすと、2人も自信に満ちた様子でうなずき返してくれた。

ピボットを決めたものの、やるべきことは山のようにあった。あらためてアーリーアダプターは誰なのかから問い直し、シビックテックのSさんのような状況にあてはまる企業や担当者を仮説キャンバスで定義し直した。

※2　複数のメンバーで1つのタスクに集中的に同時に取り組む作業スタイル。
※3　方針を転換すること。

　より課題が切実になるのは、Sさんのように小規模のプロジェクトを複数同時に扱うような業務を行なっているケースだ。より頻繁に受託者を見つけ出す必要があり、それでいてチーム組成にそれほど多くの時間を割くことができない。おのずと代替手段は、以前一緒に仕事をしたメンバーにリピートを持ちかけるということになる。そうなると、なかなか事業活動がスケール（拡大）せず、常に人員不足に悩み、やるべきことの優先度をシビアに見極めることが求められる。

　再度、アーリーアダプターの特定のためのインタビュー検証をやり直し、そのうえでプロトタイプ検証にトライする。ただ、雪下さんも佐介くんも、もちろん僕もすでに複数回経験しているため、タスクレベルでとまどうことはほぼない。新しいプロトタイプのあり方やインタビュースクリプトの再設計など重要な判断が必要なところは、躊躇なくモビングでワークしながらチームとしての意思決定を織り交ぜて進めた。

　最初に比べると格段に効率良く検証を進めることができた。経験して習熟したと言えるし、改善が効いているのもある。すでに僕たちはスクラムを適用しているため、スプリント単位でのふりかえりが習慣になっている。インタビューの実施や検証結果の分析など、どうすればより効果的にできるようになるか、チームの会話を重ねてきている。

「次は、MVP開発ですね。」

　雪下さんは後押しするように言った。僕は小さくうなずいて、それに応える。相変わらず僕らは十二所さんを欠いたままだけど、どうにかここまでたどり着くことができた。この結果と、チームとして様変わりした姿を早くあの人にも見せたい。僕はこれまでにない、ポジティブな胸の高まりを感じた。ところが、このあと、僕らの活動は思いもよらない局面を迎えるのだった。

第 **8** 章

学びを最大限活かして、
世界観を問いかける

STORY

チームの方向性を合わせる

「まずはインセプションデッキで方向性を合わせましょう。」

　MVP開発を始めるにあたって、僕が最初に呼びかけたのはインセプションデッキ作りだった。雪下さん、佐介くん、長楽さん、それに開発にあたって新たなメンバーが2名増えている。仮説検証の段階には参加していなかったメンバーも含め、あらためてこれから始めるMVP開発の目的・目標、条件、判断基準などを合わせておく必要がある。ところが、佐介くんもインセプションデッキは、まだあまりなじみがないようだった。疑問を口にする。

「インセプションデッキって、ミッションとか明らかにするワークでしたよね。」

「そう。インセプションデッキとは、チームがどの方向に向かっていくのかを確認し合うためのものなんだ。迷子にならないようにするためにね。」

　僕が紡ぐ言葉は教えてくれた人の受け売りでしかないのだけど気にもしてられない。この急造チームで、検証に耐えうるMVPを4か月後には用意するのが僕らのミッションだ。

プロダクトオーナーは僕が担う。雪下さんはデザイン、佐介くんはリードエンジニアを務める。新メンバーの2人はエンジニアで、西御門さんが他の部署から引き抜いてきた。あまりにも唐突に連れてこられたため、カソウ室がどういう部署なのかもよくわかっておらずとまどいは大きい。

新メンバーを入れても作り手は足りない。そこで、長楽さんもエンジニアとして入ることになった。開発をいまだに続けてきた人だから腕のほうでは心配していないけど、このプロジェクトで開発として動くとなれば、それなりに時間をあててもらう必要がある。果たして、マネージャーの長楽さんに可能なのか。その懸念を僕は口にしたが、「やるときは、やるしかないんだよ」と気合の言葉しか返ってこなかった。西御門さんが全体の調整をしてくれていることを祈るしかない。

MVPを作り進めるにあたって、最初に必要なのはインセプションデッキだけではない。むしろ、まとまった全体設計が必要になる。

「これから始める期間のことを**スプリントゼロ**と呼ぶんだ。」

そう言って、僕はスプリントゼロで取り組む概要をみんなに示した（**図8-1**）。

MVP特定は終わっている。ただし、行動フローベースで取り出した機能群はまだ粒度にバラツキがある。これらは、まだ粗々の、プロダクトバックログの「候補」にあたる。この粒を開発レディ（開発着手可能）に持っていくのがスプリントゼロだ。スプリントの回転を始める前に、プロダクト全体に影響を与える方針決めや段取りを行なう。インセプションデッキはその「前提」作り、「前提」確認になる。

ゼロからプロダクトづくりを進めていくにあたっては、「どう作るか？」という観点では取りうる選択肢が広い。採用する技術の選択から作る優先度、作り込みの度合いなど、むしろ自由が利きすぎる。チームメンバーが互いに置いている「前提」次第で判断基準も大きく異なってしまう可能性がある。それに気づかず、「"こうなんじゃないか"という前提」を暗黙的にしたまま進めていくことで、後々作るモノや互いへの期待違いということが容易に起こる。

「スプリントゼロは、要件定義や基本設計にあたるフェーズなんですかね？」

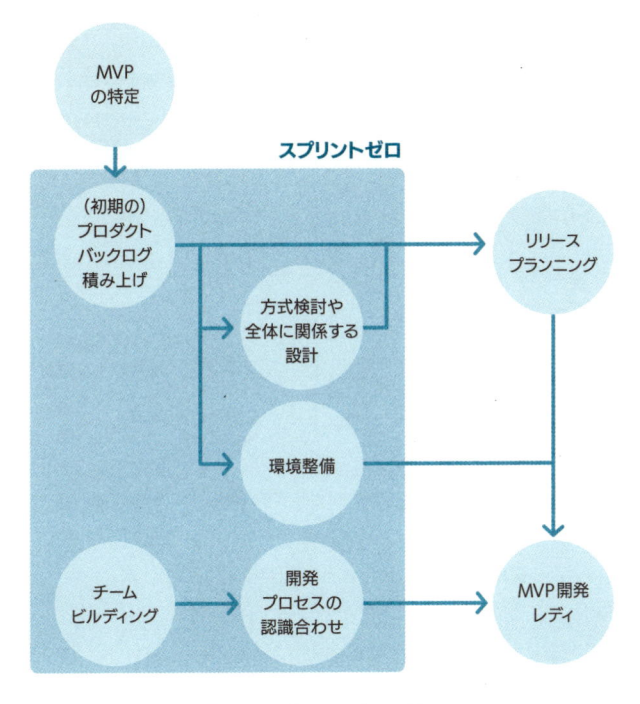

図8-1 スプリントゼロの概要

　無邪気に佐介くんが質問を寄せてきた。佐介くんはどうやらアジャイル開発に本格的に臨むのはほぼ初めてのことらしい。ただ、それは他のメンバーも同じようだった。僕だって人に何か言えるほど自信があるわけではない。でも、二階堂さんチームで実践していたことをどうにか活かすしかない。

「スプリントを始められるだけの状態を作るのがスプリントゼロだと思っています。これまでの開発における要件定義や基本設計だと、プロジェクト範囲のすべてを明らかにしていくアプローチになるけど、これから始める開発では **"プロダクト全体として考えること"** と **"スプリント単位で考えること"** を分けるイメージなんだ。」

　そう言って、全体とスプリント単位で考えることの中身を僕は図示した（**図8-2**）。

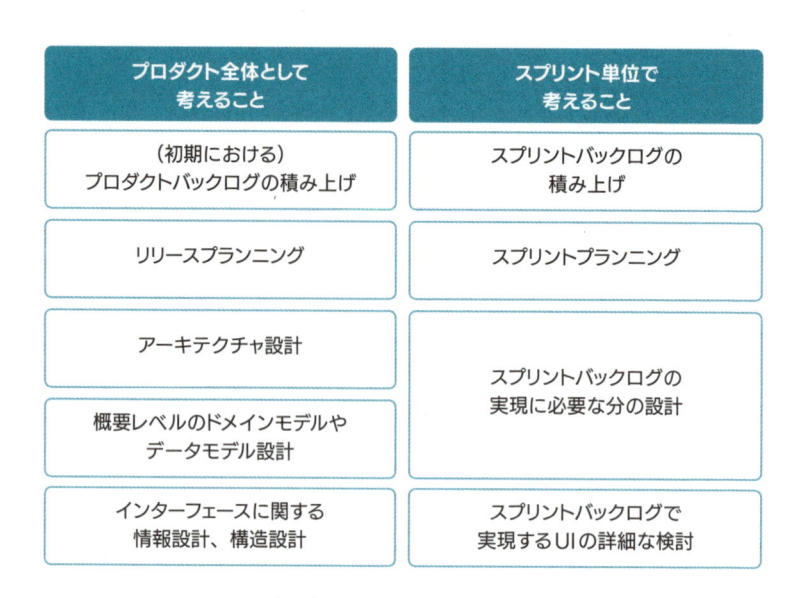

プロダクト全体として考えること	スプリント単位で考えること
（初期における）プロダクトバックログの積み上げ	スプリントバックログの積み上げ
リリースプランニング	スプリントプランニング
アーキテクチャ設計	スプリントバックログの実現に必要な分の設計
概要レベルのドメインモデルやデータモデル設計	
インターフェースに関する情報設計、構造設計	スプリントバックログで実現するUIの詳細な検討

図8-2 プロダクト全体とスプリント単位での比較

「なるほど、スプリントを始めるための前提にあたることや、反復の中で捉えるとかえってオーバーヘッドになりうることを全体として考えておくということか。」

佐介くんは納得した表情を見せたが、雪下さんはまだやや怪訝そうにしている。

「それにしても、スプリントゼロとしてやることがけっこうあるのね。」

その通りだった。開発を始めるにあたっては、それなりの段取りが必要になる。ただ、あくまで主眼は開発の先のMVP検証にある。この検証を乗り越えるまで、PSFの判断をつけることができない。検証の前段階にあたるMVP開発のほうに多大な時間を投じられるわけではない。

長楽さんいわく、与えられた開発予算から取れる期間は4か月が限界ということだった。それ以上の投資を組織から投じてもらうには、MVP検証でその先の可能性を示さなければならない。

「スプリントゼロに続いて、リリースプランニングまで実施しておきたいと思います。」

「要件定義っぽいことから、リリースプランニングって、アジャイルのわりにはずいぶん、これまでの開発に近い感じがするね。」

　長楽さんは素直に思ったことを口にした。

「MVP開発にあてられる期間が決まっているので、シビアに開発範囲を調整しながら進めていく必要があります。たとえば半分くらいのスプリントの数を終えたときに、プロダクトとしてどんな状態になっていたいか、そのイメージをつけておくのが狙いです。」

「それって、進捗管理をするってことですよね……？」

　どこか恐る恐るという感じで、佐介くんが声をひねり出した。もちろん、目くじらを立てて進捗管理をやろうというのが主旨なのではない。「とにかく進み具合さえ管理していけば、望ましい正解が得られる」という状況に僕らがいるわけでもない。

　MVPを特定したものの、実現していくプロダクトのイメージは作り進めることでかえって「本当にこれで良いか？」「どういう機能や形態であれば良いのか？」と、ゆらぎを迎えていくことになるはずだ。モノが動くという状況が進み、具体的になればなるほど、きっと応えるべき問いが増えてくるだろう。

「おそらく、進み具合によって対象機能の調整は続いていくと思います。そのときに、検証に向けてあとどのくらいの積み残し機能があるのか、残り時間との兼ね合いから落とせる機能はどれか、見立てる必要が出てくるはずです。」

　自分たちの進みが今のままで良いのかを判断できるようにする。**「目的を果たすためにあきらめることは何か」が議論できるよう、目処感をつけておく必要がある**ということだ。

　こうして、みんなと進め方について議論していくのは建設的に感じる。誰かが一方的に決めたことをただこなしていくのではない。自分自身でハンドルを握っている感覚だ。

しかし、不安もある。みんなに向けて得意げに説明しているが、本当にやりきれるか。二階堂さんチームでアジャイル開発に染まっていたとはいえ、このあたりのことをリードするのは僕だって初めてなのだ。話していることはどれも以前、十二所さんに教わったことだ。もちろん、そのときは十二所さんのレクチャーに乗っかっていれば良かった。今回は、見よう見まね、僕がみんなを引っ張らないといけない。

僕は訴えかけるように長楽さんに問いかけた。

「ところで、十二所さんはまだこっちに帰ってこないんですか？」

たいてい丁寧に受け答えしてくれるようになっていた長楽さんだったが、この問いには首をただかしげるだけだった。誰にもわからないのだ。そのことに強い不安を感じているのはこのチームで僕だけだった。

STORY 💬 > 👁‍🗨 解説

👁‍🗨 解説　　MVP開発の準備

MVP特定からMVP開発に臨むにあたって行なうことは大きく3つあります。

1 MVP開発チームの結成
2 スプリントゼロ
3 リリースプランニング

1 MVP開発チームの結成

前段のプロトタイプ検証からMVP開発に移行するにあたって、チームに求められるケイパビリティ（能力）が変わります。ソリューション構築のために必要とされる役割を揃えることになります。一番大きな違いはエンジニアを加えることでしょう（デザイナーはプロトタイプ検証から参画していることが少なくない）。もちろん、検証段階からエンジニアを交えていることもあります。テーマの内容上、技術的な判断や検証が必要な場合においては欠かすことができないでしょう。

ストーリーでも、初期段階からエンジニア（佐介くん）がチームに参加しています。むしろ、**後続のMVP開発を担うエンジニアが仮説検証段階に参画しているのは理想的と言えます。** MVP開発の段階で、仮説検証を実施したメンバーから「インプットを受ける」という形で初めて対象者（顧客、ユーザー）に関する情報に触れていくとなると、あくまで「聞いた話」を元に作るという構図になります。

一方、自分自身が検証を通じて対象者に直接向き合ってきたエンジニアは、いちいち検証担当者に情報を求めずとも、自身の記憶を頼りに考え、判断することができます。この差はモノ作りの速さおよび細部の作り込み、そして自信の違いとなって現われてきます。

MVP開発に臨むチームについては、もう1つ補足があります。それはスクラムチームが備えるべき役割についてです。いよいよスクラムを正面から適用することになるわけですから、プロダクトオーナー、スクラムマスターの設定が必要となります。このうち、「プロダクトオーナー」については仮説検証をリードしてきたメンバーが就くのが自然でしょう。

ただし、プロダクトオーナーを務めるにあたってはソフトウェア開発に関する経験を何らか有していることが理想です。エンジニアとしてではなくても、開発プロジェクトに参画し、ソフトウェア開発とはどのように取り組み進めるもので、どういったことが課題になるのか、経験的に理解できていることが望ましいところです。MVP開発はたいていの場合、短期決戦になりがちです。まごつきが生じると、思うような展開からあっという間に外れていきます。いつの間にか状況に適応できない「不利なプロダクトづくり」になっている、ということがないよう留意したいところです。

もう1つの役割「スクラムマスター」については、過去にスクラムマスターを務めたことがある、あるいはスクラム実践の経験を期待するところです。特にMVP開発は「ゆるやかな立ち上がり」というよりは、「垂直立ち上げ的にチームが機能していく」ことが期待されるため、類似の状況を経験していることが望ましいと言えます。

イメージとしては、整備された道路をきっちり交通ルールを守りながら走っていくというよりは、荒っぽいオフロードをどうにかこうにか走り抜けていくとい

うものです。教科書的な原則論だけでは乗り切れないところがあります。MVP開発におけるスクラムマスターには、状況に応じた臨機応変さが求められるでしょう。

　さて、こうしてフォーメーションを組み直すわけですから、チームのインセプションデッキを改めましょう。ここまでインセプションデッキが存在していなかったとしても、この段階では対話の時間を設けるべきです。仮説検証の段階とは明確に目指すミッションが変わるからです。

2 スプリントゼロ

　あらためてスプリントゼロ周辺で取り組む内容を踏まえておきましょう（**図8-3**）。

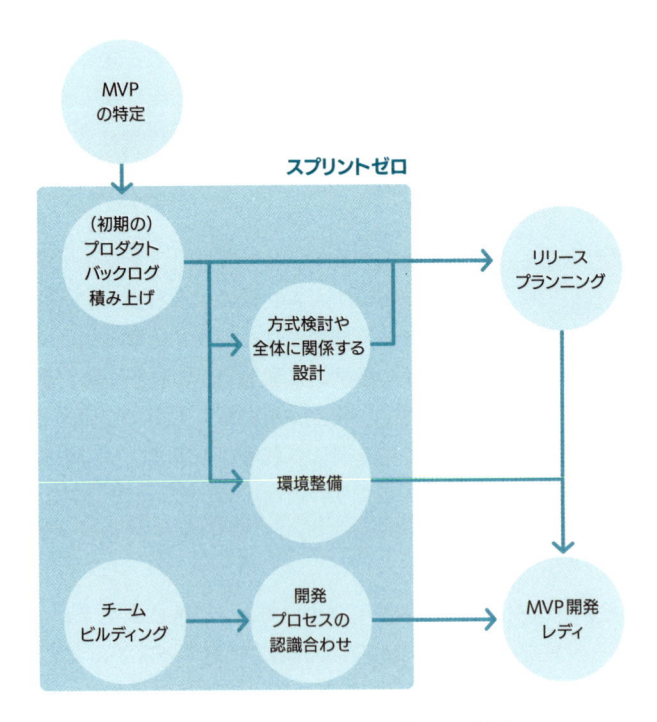

図8-3 スプリントゼロの概要 ［図8-1再掲］

　ストーリーで語られた通り、スプリントゼロとはスプリントによる開発を始めるための段取りにあたります。反復活動の中で検討する合理性がない事案については、まとめてスプリントゼロで判断していきます。ただし、スプリントゼロで

すべてを決めきろうとはしないでください。これまでのフェーズベースでの取り組みと違いがなくなります。あくまで最初の走りだしに必要な最小限の決定や設計を行なう期間です。

では、具体的にはどのくらい段取りを行なっておくべきなのでしょうか。その度合いは、取り組むプロダクトの難易度とチームの練度によって異なります（**図8-4**）。

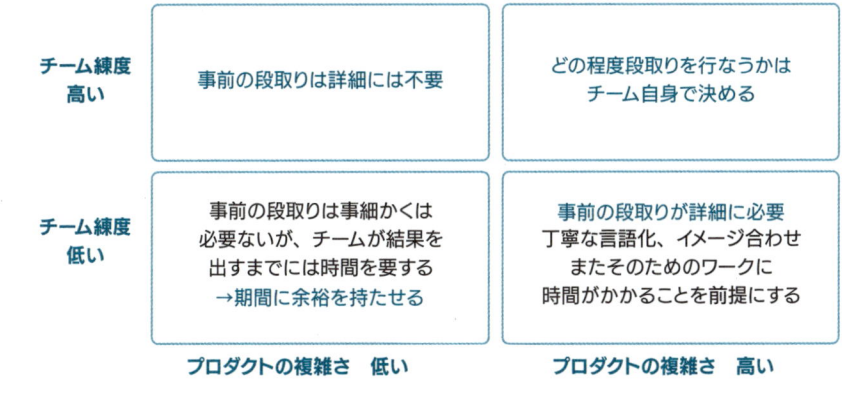

図8-4 プロダクトづくりの段取り

そもそもの難易度が高い、あるいはチームの練度が不足しているようであれば、開発における不確実性をできる限り下げて臨みたいところです。何もかも難易度を上げたまま、乗り切ろうとするのは勇気ではなく、無謀です。自分たちの力量を含めて、冷静に進め方を判断しましょう。

このように**プロダクトづくりがどうあるべきかは、実際にはプロダクトやチームによって相対的に決まっていく**ものなのです。他のチームや現場での取り組みを参考にしたり、インスピレーションを得ようとしたりするのは大事ですが、どこかでうまくいったやり方がそっくりそのまま自分たちにとってもうまいやり方になるとは限りません。

さて、ここで第1部を思い出してみましょう。プロダクトづくりを診るための観点として「ユーザー」「チーム」「プロダクト」の3つがありました。スプリントゼロの活動もこの3つの観点に照らし合わせてみましょう。

❶**ユーザー**：MVP特定を踏まえて、プロダクトバックログの整備を行ないます。MVP検証で想定ユーザーに試してもらうためにはどこまで機能を作り込む必要があるか。プロダクトバックログアイテムごとにその条件を定義しましょう（受け入れ条件の定義）。

❷**チーム**：MVP開発に必要な役割を定義し、チーム編成を変えます。チームメンバーの出入りや役割の変更を踏まえるため、あらためてチームビルディングから行ないます。具体的には、インセプションデッキ、ドラッカー風エクササイズ、ワーキングアグリーメントの策定などがビルディングワークにあたります[※1]。

❸**プロダクト**：プロダクトづくりに必要な準備を行ないます。開発の前提整理や方式の検討・設計、開発環境の構築、開発プロセスの確認とチーム内の認識合わせが主にやるべきことです。

「ユーザー」「チーム」「プロダクト」は、プロダクトづくりにバランスを与える観点です。スプリントゼロの活動を定義するにしても、3つの観点のどれに基づくものなのか、確かめるようにしましょう。もし、3つの観点から外れるようなタスクを作り出しているとしたら、本当にこの段階で必要なことなのか問い直すことです。「良かれ」と考えて、検討しすぎてしまっているというのはよくあることです。MVPの準備・開発、検証における「学びのターンアラウンドタイム」を最小化するためには、時間をムダにしている場合ではありません。

3 リリースプランニング

プロダクトづくりの状況として目安をつけられるようにするのが、リリースプランニングの役割です。想定する開発期間に対して、ある時点でどのようなプロダクトの状態を作っておきたいか、その算段を立てるための活動です。以下のように進めます。

① MVP範囲のプロダクトバックログすべての規模感を概算で見立てる
② 算定した規模感とチームで仮定するベロシティから必要なスプリント数を見立てる

※1　ドラッカー風エクササイズ、ワーキングアグリーメントを詳しく知りたい方は参考文献（p.206）に挙げた『カイゼン・ジャーニー　たった1人からはじめて、「越境」するチームをつくるまで』をあたってみてください。

③ 各スプリントで対応するプロダクトバックログの仮割り当てを行なう

④ MVP開発期間のマイルストーンを設定する

① MVP範囲のプロダクトバックログすべての規模感を概算で見立てる

最初に行なうのは規模感の算定です。方法は大きく2つあります。1つは、過去の類似のプロダクト開発を調査し、その実績値から規模感を見立てる方法です（「あのときのプロジェクトとだいたい同じ」「倍くらいかかりそう」といった相対比較のイメージです）。参考値が少なすぎると、当たり外れが大きくなります。2〜3のプロジェクトを引っ張り出して、類推するようにします。もちろん、この算定はかなりラフなものです。ですが、おおむねの規模感を把握するには役に立ちます。次に示す「プロダクトバックログベースの算出」では対象の数が多すぎて煩雑になる場合に、こちらの「過去プロジェクトベースの算出」を取ります。

プロダクトバックログベースの算出は、その言葉通り、必要なものとして整備したプロダクトバックログアイテム1つ1つの規模感を算定するものです。プロダクトバックログの数がそれほど多くなければこちらの方法を取ると良いでしょう。目安は、チームで1日かけても算定しきれない可能性があるかどうかです。1日を超えてしまうような場合は、過去のプロジェクトベースで規模を見立てるのが良いでしょう。

いずれの方法も精緻なものではありません。繰り返しますが、あくまでプロダクトづくりのペースをわかるようにするための活動です。この段階で精緻さを求めたところで、情報や決定事項が不足し、多くの時間を要することになってしまうでしょう。MVP範囲は、作り進めながらも変わる可能性がある不安定なものです。変更の可能性があるものについて、精緻さを求めたところで意義があまりありません。という意味では、この算定は「見積もり」と言うべきでもないでしょう。逆に「見積もり」という言葉をあてはめることで、別の期待（時間やコストに対する事前のコミットメント）が高まりかねません。

② 算定した規模感とチームで仮定するベロシティから必要なスプリント数を見立てる

次に、チームがスプリントあたりでどのくらいの仕事ができるかを仮置きし（これをベロシティと呼びます）、算定した規模感を除算することで必要なスプリントの数を見立てます。これから開発を始めるわけですから、当然「スプリントあたり

でどのくらいプロダクトバックログを倒せるか」というのは誰にもわかりません。

　ただ、想像することはできます。該当のチームメンバーで過去取り組んだプロジェクトでのペースを参考にすることです。もちろん、プロジェクトの条件がまったく同じということはほぼないでしょうから、ペースの値はチームで話し合って仮置きにしましょう。このとき、1つの定数を決めるためにも検討時間をいたずらに費やすのではなく、最初から楽観値と悲観値の2軸で幅を持たせると良いでしょう。

　あくまで最初の段階での見立てを行なっているのですから、繰り返しになりますが精緻なスプリントの数を置くことが目的なのではありません。楽観、悲観に基づく必要スプリント数を見立てられていれば、次のプランニングを進めることができます。

　その後、MVP開発を進める中で、必要に応じて全体の規模感やチームのベロシティを算出し直しましょう。実績から、より確かな数値を見立てられるようになるはずです。実際には、MVP開発は短期間の取り組みになることが多いため、全体感の見直しに時間を割いて、再定義してもあまり意義がない場合があります。「このまま進めても着地がまったく見えないままだ」といった炎上気味にでもなっていなければ、あとで述べるマイルストーン設定を調整することで十分な可能性があります。

③ 各スプリントで対応するプロダクトバックログの仮割り当てを行なう

　必要なスプリント数がわかることで、各スプリントでどの機能が実現できそうか、おおむね見立てることができます。ここも精緻なスケジュールを引こうという意図ではありません。スクラムを実践するわけですから、言うまでもなく実際にどのプロダクトバックログに取り組むかはスプリントプランニングで決めることになります。ここで行なうのは、あくまでラフなパズルの組み立てです。

　この仮割り当てを緻密に行なおうとすると、いちいちスプリントプランニングで変更する手間が大きくなり得策ではありません。イメージ的にはA4・1枚程度で収まる割り当て表としましょう。その際、プロットする「機能」も、プロダクトバックログの粒度に合わせる必要はありません。あくまで概要的に把握できれば良いのです。

④ MVP開発期間のマイルストーンを設定する

仮割り当てを行なうことで、数か月に及ぶMVP開発期間におけるプロダクトの状態が見えてくることになります。1か月目にはどこまでできていたいか、2か月目にはどうか、半分の期間を終えたときにはどうか、といった具合にです。この見立てをマイルストーンとして置いて、プロダクトづくりを進める中での目安としましょう。

こうした「目安」作りは、バーンダウンチャートでも行なうことができます。バーンダウンチャートとは、縦軸に残りの作業量（バックログの数や規模感）、横軸に時間を取り、時間の経過とともに作業が減っていく様子を可視化するグラフです。今のペースで進めていって、期待する時期に間に合うのかを一目瞭然にする狙いがあります。

こうしたバーンダウンチャートとの違いは、作り進めている具体的な機能ベースで状況を可視化するところです。チーム内外のメンバー、関係者とも機能ベースで状況の理解を合わせることができるところが利点です。もちろんバーンダウンチャートを併用してもかまいません。

こうした可視化ができると何が嬉しいのでしょうか。たとえば開発期間が半分まで消化しているが、MVPとして特に重要な機能範囲がまだ終わっていないとします。**まず、「このまま進めると思うような着地にはならない」と気づけることが大切です。**さらに、MVPの開発を期間内におさめるためにはどの機能をトレードオフするべきか、機能の入れ替えを検討します。あくまでMVP検証が成り立たなければなりません。どの機能を捨てて何を優先するのか、検証の狙いを踏まえて作るものの組み立てを行ないましょう。

さて、チームの再結成、スプリントゼロ、リリースプランニングまで行なえたところで、あとはスクラムによる開発を進めていくのみです。スクラムイベントをどのように行なうかは、本書で語らずとも、すでに多くの文献や情報が世の中に存在しています。ここではスクラムイベントの解説ではなく、別の観点を補足しておきます。それは、「**プロダクトレビュー**」の必要性です。

プロダクトレビューとは、作り進めてきたプロダクトを想定ユーザーになりきって、利用上の最初のシーンから順次試していき、チームや関係者から何らかの

気づきを挙げていく活動です。別の言葉を用いるならば、「ウォークスルー」のイメージと言えます。ただし、これまで開発で用いられてきたウォークスルーとは、欠陥、不具合の検出を行なう位置づけです。プロダクトレビューは、単にバグを見つけていくのではなく、利用上の問題やより望ましい体験を提供するためのアイデア出しを行なうのが狙いです。

プロダクトレビューのイメージ

- ・スクラムイベントとは別に実施する（スプリントレビューとして実施できるならばそれでも良い）
- ・プロダクトの断片的な機能ではなく、「利用体験全体」をレビュー対象とする
- ・ユーザーの利用状況をデモとして再現する
- ・観察者が中心となってフィードバックを挙げる
- ・デモ実施者も利用していて何を感じるか言語化する

これはスプリントレビューとは異なるものでしょうか。スプリントレビューでは、当該スプリントにおけるアウトプットへのフィードバックが中心となるはずです。それはそれで行なう必要があります。ですが、**プロダクトにおける利用体験とは、部分的なものではなく、「流れ」が存在します。**想定ユーザーが、どのように機能を利用していくか、その流れを再現しなければ、問題が見えないままになっていたり、あるべき姿の発想も生まれにくくなったりします。

ですから、スプリントレビューとは別に定期的に想定ユーザーになりきって、プロダクトを試す、チーム全員でその様子からわかることをフィードバックする、という機会を設けることには意義があるのです。2〜3のスプリントをこなして、まとまったアウトプットが得られたところで、その都度プロダクトレビューを行なう、といった取り組みにしましょう。

解説 > STORY

もうできているから、ビジネスを始めよう

　MVPの検証を終えて、結果は五分五分といったところだった。発注側、受託側それぞれがパートナーシップを結びたい相手を見つけられるようにする。この狙いのために小さな仕事を試せるようにする。こうした仕組みへの反応は良好だった。

　発注側、受託側それぞれ10名に対して、一定利用後にインタビューを実施し、評価を得ている。ほとんどのユーザーが継続利用の意向を示してくれているものの、提供機能への評価は十分とは言えない。このサービスを利用しようとするのは、具体的に仕事相手を見つける段階が大半だ。一方で、「小さな仕事で試す」という体験を挟み込むためには、余裕をもって相手を探せる期間が必要だ。互いを試せるほどの期間がない場合は、やはりいきなり相手を見つけ出すという動きになる。

　実際、データを見てもMVP検証上で「試す」導線はあまり発生してない。「試す」という選択に気づいてもらい、より利用してもらうためにはまだ体験設計の磨き込みが必要なのは明白だった。

「PSFは達成していそうだけど、"形態"にまだ問題があるという状態と考えられます。」

　僕は少し緊張しながら検証結果をまとめた。報告の相手は西御門さんだ。他には、雪下さん、佐介くん、長楽さん、MVP開発チームの面々、そして二階堂さん、大町さんの顔も見える。新価値創造室の初のMVP検証結果お披露目ということで、名前のわからない人たちもミーティングルームに大勢詰めかけている。それほど広くない部屋は満席で、後ろのほうは顔もよく見えないくらいだ。

　僕の一通りの説明を聞き終えて、西御門さんはうんうんとうなずき続けていた首を止めた。

「めっちゃ、良いじゃない。」

そう言って、長楽さんに同意を求めた。西御門さんはわかりやすく上機嫌になっている。長楽さんは「ええそうですね」と答えながら、少し気おされているようだった。

「どうよ、これ。」

　興奮気味に、西御門さんは二階堂さんや大町さんに感想を求めた。

「良い結果ですね。確かに"試す"導線はまだまだ作り込みが必要ですが、プロジェクト管理ツールの利用も早期に促すことができるため、私たちのほうも好都合です。」

「プロジェクト管理ツール側のユーザーにPRしていくことで"試す"の啓蒙はもっとできると思います。今後が期待できますね。」

　二階堂さん、大町さんはそれぞれの観点から答えた。好評な感じに、僕はただただうなずくばかりだ。2人の反応は西御門さんへの回答だったけども、それらは僕のほうに向けられているあと押しのようにも感じられた。プロジェクト管理ツールも引き続き、利用拡大に苦戦していると聞いている。2人への貢献につながるのは願ってもないことだった。

「良いじゃない。これ、さっそくさ、**事業収益の計画を弾いてよ。**」

　引き続きうなずきながら、僕は「ええ、もちろんです」と返そうと口を開きかけた。……え？　収益計画？　西御門さんは大真面目な表情のままだ。

「あんまり笹目くんはその手の計画作ったことがないだろうから、大町さん手伝ってあげてよ。収益計画を立てるうえでは今後、どのくらいの開発、営業体制が必要なのかを踏まえてほしい。来期からはプロジェクト管理ツール同様、さっそく1つの事業としてマネジメントしていくことになるから、今期残りの2か月でそのあたりの準備をしっかりやってね。」

　トントン拍子で一方的に話が進められていく。最後の言葉を僕に向けたときには、西御門さんの目からは笑みが消えていた。表情は柔らかいものの、明らかに

コミットメントを求めている。僕は焦って、途中で言葉を挟もうとしたがうまく紡げなかった。まずい、これはまずい。大町さんが僕の雰囲気を察して、代わりに応えた。

「確かに、収益の見立ては始めていくべきかと思いますが、体制の確保や事業スタートはまだ時期尚早かと思いますが。」

「え、なんで？」

大町さんの発言にかぶせ気味に西御門さんは突っ込んだ。もう完全に表情が変わっている。先ほどの朗らかさはない。いつものプロジェクト管理ツールの事業会議で二階堂さんと大町さんを詰めている室長の顔になっている。

今度は大町さんが言葉を詰まらせる番だった。代わりに長楽さんが口を開く。ここで事業化の判断が下りてしまっては、さっそくコミットメントの追求が始まることになる。そのことを長楽さんも嫌というほどわかっているのだ。

「先ほどの話の通り、まだ中核となる機能の利用がおぼつかない段階です。最初のMVP検証が終わったところなので、これから検証を継続していく必要があるかと思います。」

その言葉は西御門さんにはもはや届いていなかった。来週には一度、収益計画のたたき案を出してね、と言うと報告会の幕を引いてしまった。ちょっと微妙な雰囲気が流れたことに、参加者たちはもちろん気づいていたが、強引な流れはむしろ西御門さんの期待の表われなのだと、前向きに受け止めたようだった。僕とチームメンバーを除いて。

「長楽さん、みんな、ちょっと残ってもらって良いですか？」

僕はか細い声をあげて、チームメンバーに残ってもらうようにした。雪下さんも佐介くんも、あまり良い顔色ではない。西御門さんが今後どんなプレッシャーをかけてくるのか、2人とも実際には知らないだろうけど、ただ事ではないことを察しているようだった。長楽さんは待ちかねたように口を開いた。

「まずいことになったぞ。こんな段階で、事業化してしまうと、さっそく数字を追いかける日々が始まってしまう。」

　長楽さんの焦りに、不思議そうに反応したのは雪下さんだった。

「まだ、検証段階ですよね。なんでそんな急に進んじゃうんですか？」

「西御門さんも焦っているんだ。この1年で結局、事業化まで進んだテーマがない。この調子だと来年のうちの室の予算はかなり削られることになる。」

　長楽さんは額に手をあてて、頭を重そうに支えた。佐介くんは何を言って良いかわからないのだろう、黙り込んでいる。みんなの様子を見て、僕は意を決した。こうなった以上は、どれも乗り越えるしかない。

「UXの磨き込みと事業の構築と、両方を進めていくしかないですね。」

「ビジネスモデルの検証と、ビジネスの実行は、別モノだぞ。」

　間髪入れず、僕の判断への反論が飛び出した。長楽さんでも、雪下さんでもない。それは、十二所さんだった。

「十二所さん！」

　僕は思わず声をあげた。僕も含めてみんな、彼がミーティングルームにいたことに気づいていなかった。相変わらずの感情が何も乗っていない表情だ。それにもかかわらず、僕はわき上がる興奮に感情を抑えられなかった。僕のワラにもすがるような感じに、十二所さんは露骨に嫌な顔をした。ああ、いつもの十二所さんだ。

「このチームに戻ってきたんですね！」

「西御門さんの関心がようやく絞られてきて、この報告会の前にいくつかのテーマがクローズすることになった。絞られたのは、こっちのテーマのおかげだ。」

そうか、僕らのテーマが進んできたことによって十二所さんを解放することになったんだ。

「MVPはまだ"ビジネスモデルの検証"段階だ。収益計画を立て、セールス体制を作り、数字を追っていく、というのはもはや"ビジネスの実行"になる。プロダクトの状況とやっていることがまったく合わない。」

　十二所さんはそう言って、僕の案をぶった切りにした。そんなことわかっている。だから、十二所さん、どうやって西御門さんを説得するか、アイデアを下さい。訴えるような僕の顔を、無視して十二所さんは続けた。

「MVPの検証を継続するべきだ。そして、学習を最大化したところで、ビジネスの実行を担えるMKPを定義する。」

　MKP？　聞き慣れない言葉だった。それはこのあと教えてもらうことにしよう。それよりもMVPの検証を継続するといったって、西御門さんに僕らの状態を理解してもらわないことには、検証と実行の二重の活動をまぬがれることはできない。

　僕が何かを必死に求めているのに、ようやく気づいたのだろう。十二所さんは怪訝（けげん）そうに僕の表情から何を言いたいのか読み取ろうとした。僕はちょっといらだちながら疑問をぶつけた。

「十二所さん、僕たちが検証に振り切ろうにも、西御門さんが納得してくれませんよ！」

　悲鳴にも似たような僕の焦りに、しかし、十二所さんはまったく動じることはなかった。

「お前たちのハンドルは、今誰が握っているんだ？」

　いつか聞いたフレーズを冷たく言い放った。それって、西御門さんの指示に従わず、自分たちで考えて、動いていけ、ということなのか。そんなことやって良いのか。僕のさらなる懸念を読み取ったのだろう。十二所さんは、真正面から僕を見て言った。

「君たちは、正しいものを正しくつくるのだろう。」

　十二所さんは僕らに思い出せと言わんばかりに問いかけた。

「組織としての判断は正しくても、間違ったプロダクトづくりを取ってしまっているとしたら、その行為にどんな意味があるんだ？」

　正論だった。僕は返す言葉を失い始めていた。でも、どんどん自分の腹が据わり始めているのを感じていた。十二所さんは、僕らの背中を押すように言った。

「自分たちがどのようにして何を成すのか。それを決めるのは、自分自身だ。」

解説　MVPとMKPを切り分ける

　MVP検証の先について、話していきましょう。まずは、MVPとMKPの違いについてです。

　MVPは学習に重心を置いたプロダクトです。ここまで「学びのターンアラウンドタイム」をいかに短くして、価値、意味あるものを作り届けるか、ということに焦点をあててきました。MVPによる検証はその最終段階と言えます。限定的とはいえ実物そのものを提供し、対象者からの最もリアルな反応を得て、学びとします。この段階から対象者が身銭を切ってでも利用しようとするか、継続的に利用するか、行動でもって示すか。現実的な検証を行なうことが理想です。

　ただし、先に述べたように実地の利用が始まるとしても、MVPの主眼は学ぶことにあります。その検証は継続的に重ねて行ないます。MVPの段階では、この検証の効果、効率に振り切って取り組むべきです。学習から事業化に重心を移す段階であらためてプロダクトのあるべき姿を捉え直す。そのための概念が「**MKP**」と呼ぶものです（**図8-5**）。

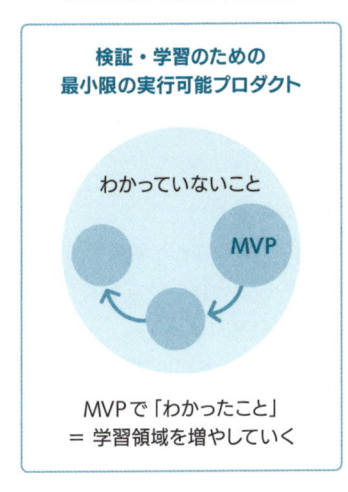

MVP
Minimum Viable Product

検証・学習のための
最小限の実行可能プロダクト

わかっていないこと

MVP

MVPで「わかったこと」
＝ 学習領域を増やしていく

MKP
Most Knowledgeable Product

価値提供のために最大限
学習結果を踏まえたプロダクト

わかっていないこと

わかっていること

MKP

学習結果から最も適した
プロダクト範囲を特定する

図8-5 MVPとMKP

なぜ、MKPが必要なのでしょうか。事業開発上の「デッドエンド（行き詰まってしまってどこにも向かえない状態）」を回避するためです。事業がデッドエンドに行き着いてしまう理由は2つあります。

❶ 学習に重心を置いてきたプロダクトが必ずしも事業化にあたって最適なわけではない
❷ ビジネスモデルの検証とビジネスの実行を段階として見分けられていない

❶学習に重心を置いてきたプロダクトが必ずしも事業化にあたって最適なわけではない

MVPの構築は、時に差分的な積み重ねになります。部分部分に着目し、検証に投じていくことで起きうるプロダクト全体としての「歪み」です。たとえば、検証のために機能を搭載したものの結果が振るわず、とはいえすぐに引っ込めるということもできず、そのまま残し続けてしまうような場合、不要な機能が残り、利用体験上に余計な複雑さを残してしまいます。

こうした利用ユーザーの目に触れるところだけではなく、プロダクトの内部的

にも「負債」を抱えている場合があります。MVPにおける開発は、検証に重心を置くあまり、その作りがラフになりやすいところがあるのです。「起こりうる利用状況を想定して、作り込んでおく」というよりは、検証までの期間を間に合わせるため、「いったん、仮に作っておき、後々にちゃんと考える」といった判断を取る。先々のことを常に見通せるわけではありませんから、その判断自体が間違いなわけではありません。

ただし、いわばハリボテの作りの上にハリボテを重ねていってしまうことで、一見構築はできているものの、継続的に作り重ねていくことが難しくなる、という状況を引き起こしやすくなります。また、後述するように、検証からなし崩し的に事業化を始めている場合は、作り変え、作り直しに着手しづらく、さらに「負債」を負っていくことにもなります。MVP時代に仕込まれた「負債」が後々、事業が軌道に乗り、継続的になるほどに荒ぶり始めるという事態はよくあることです。

❷ビジネスモデルの検証とビジネスの実行を段階として見分けられていない

利用者から見たら、学習と事業化の段階の見分けはつかないかもしれません。一方、提供者側は、学習から事業化への重心移動を明示的に判断し、その移動に伴って提案価値や実現手段の最適化を得るようにしましょう。この判断ができていなければ、ストーリーで示した通り、「動くモノが見えたから、さっそく事業を始めよう」「事業運営、推進のための体制や計画を立てよう」という、なし崩しが起こりやすくなります。実際には、まだPMFはもちろん、PSFの確からしさが乏しいにもかかわらずです。

そうなると、「ビジネスモデルとして成り立つのか」という判断軸以外の思惑が生まれ始めます。目先の収益化のために、機能を増やしたり、リソースを費やしてしまう。まだ、対象者にとって真に価値があると判断できていないにもかかわらず、さっそく、事業収益の最大化のための検討や活動に動いてしまう。結果的に肝心の価値提供がおろそかになり、事業として成り立たないままになる。こうした事態がチーム自身の誤謬による場合もありますが、やっかいなのは、チーム外の関係者の誤った判断を招き入れてしまって展開されることです。

プロダクト開発の現場、利用者の実際の反応を見ていない関係者にとっては、情報が不足しがちです。そんな中で、わかりやすいのは「動いているプロダクト」です。動くモノを目の当たりにすることで、表層的な判断をしてしまう、あるい

は検証結果ではなく自分自身のこれまでの経験だけを頼りに次を決めようとしてしまう。こうなると、プロダクトにとって良い展開になるかは、ほぼ運任せになってしまいます。

以上から、MVPとMKPという段階をあえて切り分けることで、「**事業開始タイミングの最適化**」を担保します。概念的に分けておくことで、MKP化に向けた判断を行なうためのイベントが必要になります。こうした「段階を本質的に切り替える」「目的や目標を大きく変える」タイミングを逃さないようにするために、第1部で示した「むきなおり」という習慣を備えておきたいのです（**図8-6**）。段階を変えるべきタイミングがいつか事前に特定できるわけではないからです。できることは、「**今これまでの判断を変えるべきか？**」**という問いに向き合い続けると決めておく**ことなのです。

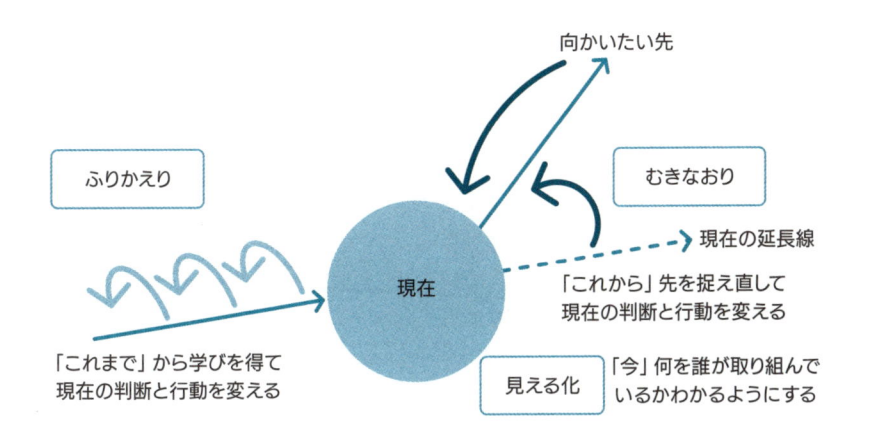

図8-6 見える化、ふりかえり、むきなおり（図5-8再掲）

仮説検証のステート（段階）を定義する

もう1つ、チームの意志決定を支援する枠組みが考えられます。そもそもの「段階」の定義を行なっておくことです。PSFとは何がどうなることなのか、事業化の判断に必要なことは何か。どのような段階がありえるのかと、その次の段階に向かうための条件を言語化します。第6章において示したFit（整合）に合わせて、チーム・組織におけるステートゲートを決めておくことになります（**図8-7**）。

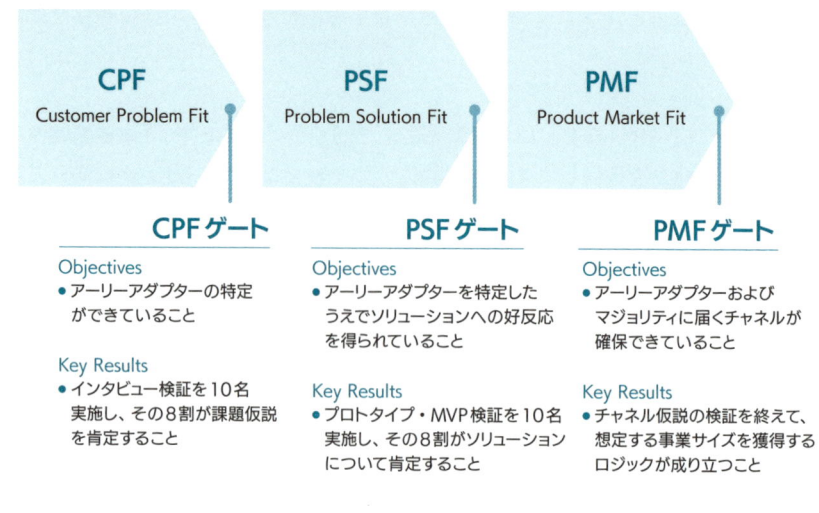

※実際には、PSFをさらに段階として分ける（プロトタイプ検証、MVP検証）など適宜細分化する

CPF
Customer Problem Fit

PSF
Problem Solution Fit

PMF
Product Market Fit

CPFゲート

Objectives
● アーリーアダプターの特定
　ができていること

Key Results
● インタビュー検証を10名
　実施し、その8割が課題仮説
　を肯定すること

PSFゲート

Objectives
● アーリーアダプターを特定した
　うえでソリューションへの好反応
　を得られていること

Key Results
● プロトタイプ・MVP検証を10名
　実施し、その8割がソリューション
　について肯定すること

PMFゲート

Objectives
● アーリーアダプターおよび
　マジョリティに届くチャネルが
　確保できていること

Key Results
● チャネル仮説の検証を終えて、
　想定する事業サイズを獲得する
　ロジックが成り立つこと

図8-7 Fitに基づくステートゲートの例

この定義自体を、プロダクト・事業作りを始める前か、進展に合わせて少しずつ先行的に具体化していきましょう。もちろん事前に定義し、組織内で合意形成ができれば良いですが、事業開発の経験が薄い中で「条件としてどうあるべきか」を議論し、策定まで持っていくのにはムリがある場合が多いでしょう。あまりにも想像に委ねてこうした条件を定義してしまうと、後々かえってムダな足かせになりかねません。本書の例を参考にして、チーム・組織内で自分たちが経験してわかっていること、未経験のことを踏まえ、想像で作り込みすぎないようにしましょう。

PMFの検証、判断

さて、事業化判断における、もう1つ重要な観点があります。それは「PMF」です。プロダクトがどれほど市場に展開でき、どのくらいのビジネスボリュームが期待できるのか。場合によっては、ビジネス的なメリットが薄い、と判断し、PSFは達成しているがPMFが弱いため、事業開発を止めるということもありえます。

PMFの検証、判断には、仮説キャンバス上の「チャネル」「収益モデル」「市場規模」の仮説を特に用いることになります。どのような事業であっても、その継続のために期待するビジネス規模があるはずです。まずその見立てを「収益モデル」に基づき行ないます。そうした、ビジネス規模を支えうる市場がありうるのか、対象市場とその可能性について仮説を立てておきます（**図8-8**）。

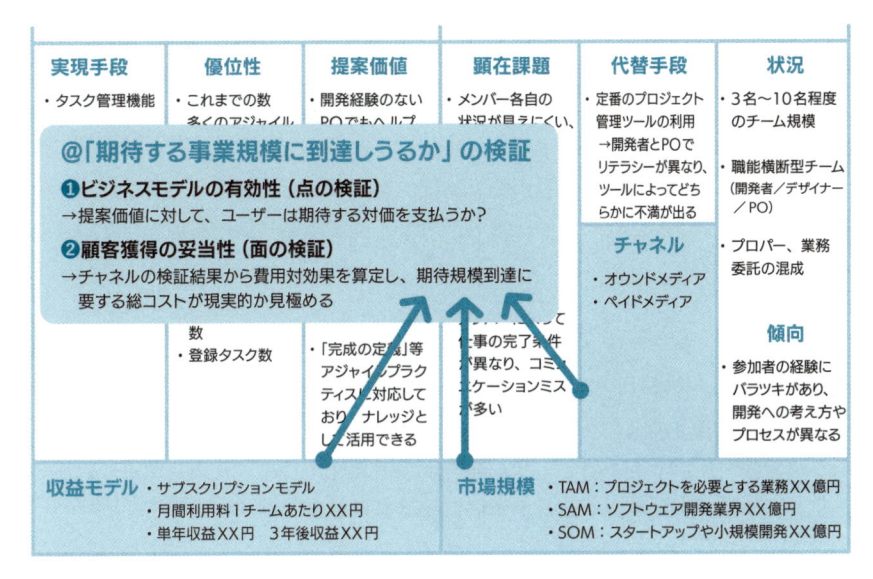

図8-8 チャネル、収益モデル、市場規模の仮説

　これらの期待を実現するためには、プロダクトを対象者に届けるためのチャネルが必要です。いかにチャネル自体の仮説を立てられるか、またその有効性が真なのか、検証します。**MVPでの検証では、リアルな検証物での最終段階のPSFを得ることと、この「チャネル検証」を行なうことの2つの狙いがあります。**

チャネル検証とは

- ❶状況仮説で特定した早期採用者（アーリーアダプター）、❷アーリーアダプターの次に見込まれる顧客群（アーリーマジョリティ）、それぞれとのタッチポイントの仮説を立てる（チャネル仮説）
- チャネル仮説ごとに、期待するほどの顧客獲得が実現可能かを確かめる
　→たとえば、SNS→LP（ランディングページ）→ユーザー登録をチャネルとして仮説を立てるならば、LPを制作し、実際にSNS広告による検証を行なう。この際、投下コストあたりの効果（獲得件数）が把握できれば良く、あくまで少量の投下コストで当該チャネルの「傾き（費用対効果）」を得ることを主眼に置く
- チャネル仮説ごとに得られた「傾き」を用いて、期待する事業規模に到達するには、総投下コストとしていかほど必要になるかを算定する。算定結果から事業としての実現性を評価する

仮説検証の次は

　さて、そろそろこの解説も終えるときです。最後に、仮説検証の「次の段階」について述べておきましょう。事業化判断、MKPの展開、その後に待っているのは「次の仮説検証」です。つまり、仮説検証に終わりはないということです。もちろん、プロダクトを磨き込むための時間、利用体験および内部品質を最適化する度合いは増すことになります。その一方で、提案価値の拡張を意図していくことになるはずです。

　いえ、必ずと言って良いほど、意図することになります。**最初に対象者に提案する価値とはいわば「入り口」です。**その入り口から入ってきてもらい、そこから先は最初の提案価値が「前提」となり、次の提案価値、さらにその次の提案価値と、つないでいくイメージです（**図8-9**）。当然ながら、次の提案価値を描くにあたって探索が再び必要となります。仮説検証に終わりはないのです。

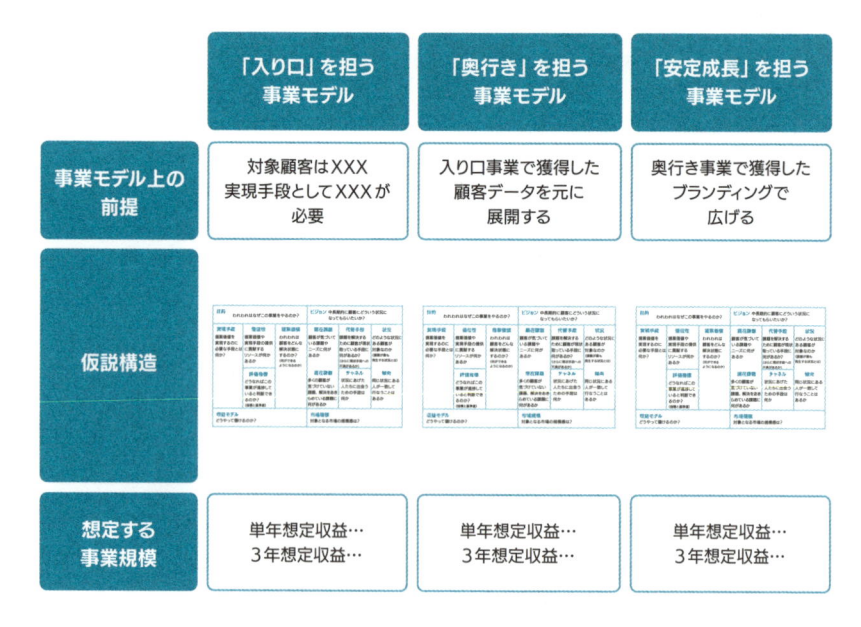

図8-9 事業構造を入り口と奥行きで捉える

　こうした連鎖によって、最初からはたどり着けなかった価値の「深み」が得られ、他者が容易にはまねできない自分たちの「独自性」を獲得することが可能となるのです。この提案価値の連鎖を生み出していくためには、**意図的に不確実性**

に踏み出す必要があります。これまでの仮説検証の根底にあるのは、「わからないものをわかるようにする」、つまり、不確実性の高い領域、状態において、小さな確実性を生み出していくということでした。インタビュー検証も、プロトタイプ検証も、MVP検証も、ある範囲の事実を明らかにして、前提として置ける小さな確実性を作り出すという行為です。その極みがMKPという安定状態なのです。

ところが、新たな価値を探索するということは、不確実性の森へ再び分け入っていくことを意味します。これまでとは異なった新たな顧客やユーザーと出会うために、あるいはこれまで扱ってきた課題やニーズとは違う新たな課題解決、ニーズの充足のために。低減させていた不確実性を再び高めるような判断、動きを取るイメージです。不確実性自体は回避し続ける対象ではないのです。むしろ、**不確実性を味方につけることで、プロダクトづくりの可能性がどこまでも広がっていく**ことになります（**図8-10**）。

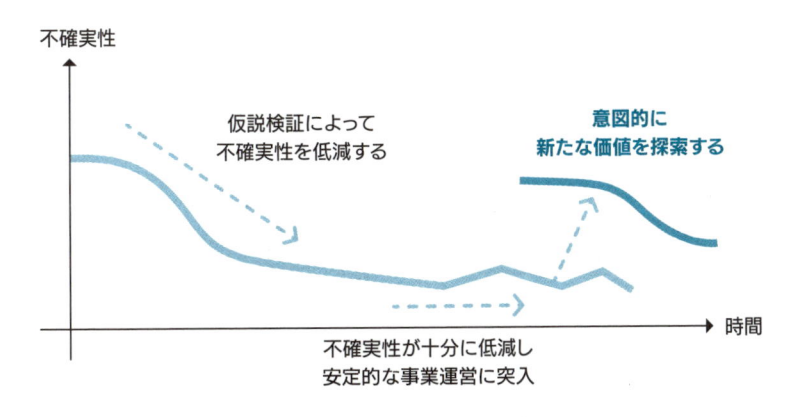

図8-10 意図的に不確実に踏み出す

事業作りは提供したものの最適化と、次の提案価値の探索との間で揺れ動きながら進めていくことになります。その時点その時点で、どちらに重心を置くのか。限られたリソースの下、その判断が常に求められます。それはさながら振り子のような状態です。もし、チームが半年以上前の判断軸のみを拠りどころに動いているとしたら、その状態そのものが適切なのか見直すほうが良いでしょう。

だからこそ、「むきなおり」の習慣がチームには求められるのです。今を捉えながら、自分たち自身でハンドルをどう切るか判断する。その判断が正しいかどう

かではなく、ハンドルを切るかどうかというタイミングを手に握れているかです。**あらかじめの正しさを突き詰めるのではなく、正しくなっていくための可能性を手にしていく。**それが本書を通じて語り通してきた、仮説検証型アジャイル開発の「芯」にあたります。

STORY そういうものである、という世界観をつくりだすためのプロダクトづくり

　僕らは検証を続ける判断を取った。僕らのプロダクトは、まだビジネスを実行する段階にはない。モデルを検証しなければならないのだ。この判断に、雪下さん、佐介くん、長楽さん、そして僕自身が何よりも腹落ちした。

　ただ、さすがに西御門さんを無視しておくわけにはいかない。十二所さんは「放っておけ」と捨てぜりふを言うだけだったけど、組織の中でそういうわけにはいかない。誰もが十二所さんのように振る舞えるほどタフではないのだ。僕は大町さんに助けを求めた。

「収益計画の攻めぎ合いはね、いつものことなんだ。私がこの会社で一番慣れているだろうね。」

　そう言って、大町さんはケラケラと笑ってみせた。

「君たちが検証を続けていられるように、西御門さんとのコミュニケーションは私が巻き取るようにするよ。中途半端に事業化したら、なまじうまくいくところもあるから、その後止めきれず、苦労が続くことになる。このプロダクトはとことんやってほしい。」

　僕は大町さんの心強さに触れ、胸にこみ上げるものを感じた。その様子に気づいた大町さんは照れくさそうに付け足した。

「どうせ、あとで苦労するのは私だからね。笹目たちのためだけじゃないよ、これは私のためなんだ。」

加えて、大町さんはこれまでのユーザーの声をこれから追加されていく分も含めて、自分に共有していってほしいと言った。実際の対象者の声を盾に、事業化が尚早であることを西御門さんに突きつけていくつもりなのだ。

　僕は少し皮肉さを感じた。これまでなんとかPSFを突破しようと躍起になり、少しでも好反応を得たいと思ってきたというのに、今度は次に進まないようにするためにその理由を集める。

「結局、人と人とでやっていることだからな。常に都合の良さが求められる。仕事とはそんなものだ。」

　徒労感めいた気持ちに陥りそうになった僕を十二所さんは達観した一言で片づけた。確かに落ち込んでいる場合ではない。とにかく、MVP検証を重ねてプロダクトのFit感を高めなければならない。僕らはもう一度MVP検証の結果を見直して、仮説キャンバスの上で仮説の練り直しを繰り返した。

　だが、チームの議論はなかなか煮詰まらない。並行して、インタビューも継続しているが、手がかりが見いだせずにいた。

「もういったん、仮説を組み立て直したほうが良いんですかね？」

　佐介くんは行き詰まってしまって、もう打つ手なしといった様相だった。確かにそうかもしれない。僕も疲れを帯びた自分の視線を、あてもなくさまよわせるくらいしかできない。そのとき、十二所さんが、眺めていたインタビュー結果から目を離して口を開いた。

「仮説を確かにしていくためには通常、詳細化を行なう。解像度を上げていくことによって、解決するべき対象をより明確にして、適切に解決に導くという流れだ。だが、このテーマは単に課題を詳細化していっても突破できないだろう。」

　そうなのだ。「小さな仕事で試す」というのは発注側にとっても、受託側にとってもこれまでにない行為だ。そもそもこれまでやったことないことをやらせようとする方向性なのだ。そこにある課題とは、どうやってこの機能に気づいてもらうか、とか、どのようにしてその気にさせられるかあたりだった。

「気づいてもらうために導線を見直しては、MVPを試してもらうということを繰り返しているが、気づいてもらったところでその気になるならばみてることはない。では、選択のメリットを訴求していこう、としたとしても限界があるる。「小さな仕事で試す」こと自体が手間になるため、そこに圧倒的な良さを感じなければ選択されにくい。

では、いったいどうしたら良いのか。

僕らは十二所さんでもアイデアが出せないことに、気持ちがさらに落ち込みそうになった。そのとき、ゆっくりと十二所さんは2本の指を差し出した。

「こういう場での切り口は2つだ。」

そして、仮説キャンバス上の「目的」と「ビジョン」を指し示す。

「"小さな仕事で試す" というのは、考え方を変えなければたどり着けない。思考の変化を求めるプロダクトはハードルが高い。人を変える話だからな。」

やはり、この方向性ではダメなんじゃないか。僕らの落胆を介さず、十二所さんは続けた。

「だから、人を変えるのではなく、環境を変えるほうを取る。"そういうものである"という前提を作り出す。」

黙っていた雪下さんが気になるフレーズに飛びついた。

「"そういうものである"とは？」

「仕事を誰かと一緒にやるということは "そういうものである"と、新たな志向を強調する。いわゆる "世界観" を新たに示すということだ。」

その世界観を表現するのが、仮説キャンバスでいうと「目的」と「ビジョン」にあたるのだろう。確かに、課題解決に躍起になっていたので、この上位の概念は手つかずなままだ。ビジョンは「簡単に受発注ができる状態をつくる」、目的

は「会社として新たな事業を作り出す」といった具合で、かなり浅い内容のままになっている。

　今までにない世界観があるからこそ、「こうしたい」「こうありたい」という新たな意欲、状況が生まれる。でも、実際にはそうもいかず、課題が生じる。そうか、世界観に依（よ）ることで、課題やニーズ自体を作り出すということか。

「でも、そんな世界観なんて、だいそれたこと、僕らに思いつけるでしょうか？」

　不安を僕はそのまま口にした。

「本来は、作り手の思いの強さがおのずと世界観を形作っていくが、このテーマ自体がチームにとっては与えられたものだ。そう簡単には見いだせないだろうな。」

　十二所さんの返す言葉に、長楽さんはぎくりと身動きした。

「だから、もう1つの切り口で探索する。このMVPをすでに使い倒しているエクストリームなユーザーを見つけ出し、何を考えているのか、その行動の背景を探る。」

　突出した行動を取るユーザーの背景に、世界観のヒントがあるかもしれないということか。僕と雪下さんは、目線を交わした。すぐに、雪下さんがそのユーザーの候補をモニターに映し出す。

「プロトタイプ検証で"試す"という着想を与えてくれたSさんです。今回のMVPもすでにかなり使ってくれていますが、もともと"試す"ことを自分でやっていた方なので、この結果自体は想像がついたところです。」

　ひとしきり、Sさんのプロファイルに目を通してから、十二所さんはさっそくSさんともう一度話そうと言い出した。Sさんにはその後も、「導線」のフィードバックをもらうためにインタビューを行なっている。時間の都合がつけば、また応じてくれるはずだ。

　インタビューは、Sさん一人に対して、僕らはチーム全員で臨んだ。もちろん

十二所さんもいる。

「もう、この機能で良いんじゃないですか。何がダメなの？」

　忙しい日常がある中で、何度も駆り出されて、さすがに嫌気が差してきたのだろう。Ｓさんは少し不機嫌そうだった。僕のほうから、三度インタビューを受けてくれたことに謝辞を述べ、まずは差しさわりのない質問を投げかけていった。何度か、問いと回答を往復するうちに、Ｓさんが前のめりになり出してきているのがわかる。自分の声がプロダクトに反映されるような機運が高まってくると、なんだかんだ悪い気がしないのだろう。

「ところで、Ｓさんは、この先はどのようにこのプロダクトを活用していくおつもりですか？」

　唐突に、十二所さんが質問を挟み込んだ。思いがけないところからの問いかけだったが、Ｓさんはまったく動じることなく応じた。

「僕のやっていることは"場作り"だから。今もそうだけど、こうした仕事を通じて知り合ったメンバーとは、今仕事を頼んでいるかどうかを抜きにして、定期的に集まるようにしているんだ。そういう場の運営も、このプロダクトのメッセージ機能とか、タスク管理とか使っても良いかもね。」

　さらりとそう言ってのけた。単に仕事を依頼したり、仕事上の管理をするためのプロダクトではなく、"場作り"のために利用していく。Ｓさんが仕事仲間たちによる「コミュニティ」のような場のイメージをしているのが透けて見えた。

「仕事を頼む側、受ける側が集まって、どんな場を作るんですか？」

「そもそもそういうビジネスライクな雰囲気じゃないからね。発注側、受託側みたいな分けとか。」

　そういうんじゃないんだよ、とドヤ顔を見せながらＳさんは続けた。

「仕事を頼む、受けるというのは一側面でしかない。そこが中心ではないんだ。あ

くまで僕らはコミュニティを作り、それを育てているんだ。」

すぐに十二所さんがまた言葉を挟んだ。

「そういうつもりで関係性を作っているとなおさら、仕事を頼む、受けるのが効率的で、かつ効果的になりそうですね。」

そうそう、そうなんだよ、わかってるじゃないか、と言わんばかりにＳさんは何度もうなずいた。十二所さんも、愛想笑いを浮かべてそれに応じる。普段の十二所さんを知っている者からしたら、完璧に作り笑いであることが一目でわかる表情だ。

それはともかくとして、ようやく手がかりが得られた。さすがに**エクストリームなユーザーだけに、焦点がずれているのだ**。目線の先にあるのは、仕事の効率的な受発注**ではない**のだ。でも、みんながみんなＳさんのように「コミュニティ」の場作りに関心があるわけではないだろう。僕らはこの手がかりを活かせるのだろうか。

Ｓさんのインタビューを終えたあと、さっそく僕らはふりかえりの場を持った。

「なぜ、会社という存在が事業を行なううえで前提になっていると思う？」

十二所さんのまったく唐突な問いかけに、僕だけではなくチーム全員がきょとんとしている。え、会社がなんだっけ？　よくわかっていない僕の顔を見て、十二所さんは淡々と続けた。

「事業を営むうえで、商品や役務の取引が必要になる。そのたびに、取引相手が本当に適切なのかどうかを判断しなければならない。実は、その判断にはかなりのコストを要する。このテーマをここまで追ってきたのだから、この点は実感を持てるだろう。」

そうなのだ。取引相手を選ぶ、仕事をする相手を決めるというのは、思いのほかコストが高い。こちらが求めるスキルを保有し、期待する結果をあげてくれるかどうかはもちろんのこと、相手が勝手に仕事を放り出してしまうような人では

ないかどうかなど、ごく基本的なところも気にする必要があるのだ。

　この会社にいれば1つや2つ炎上プロジェクトの経験をしてきたメンバーばかりだ。炎上の要因は様々だが、チームメンバーの関係不全に起因することは多い。雪下さんも佐介くんも記憶をたどるまでもない様子で、即座にうなずいた。長楽さんに至っては、「だから最初に俺のアイデアを挙げたんだ」と激しく同意している。

「一方で、同じ会社内であれば一定の信頼を持つことができる。相手を選ぶ際のいくつかの精査を省くことができる。つまり、会社という枠組みの中であれば、取引のコストを最小化できるということだ。」

　仕事を内製化するべきか、そうではないか、といった議論も、こうした観点から考える必要があるんだろうな。取引コストが大きくなる業務ほど組織内の機能として持っておくようにする。もし、組織として抱えることに優位性が見いだせないようであれば、取引コストのほうを取って外部に依るようにする。むしろ、今は技術の先進化や多様化がますます進んでいるから、何もかも自前で揃えるのは現実的ではなかったりする。

「まあ、もちろん、同じ会社という枠組みであれば、どこまでも信頼できるわけではないよな。むしろ、社内同士であっても、お互いの理解不足が大きかったり、場合によっては足の引っ張り合いだってある。」

　十二所さんの言葉に、僕以外のチームメンバーはみな一様に身じろいだ。それぞれ身に覚えあり、といった感じだ。

「それだけではなく、ケイパビリティの確保を組織内でどこまでやるか、やれるかの判断も必要だ。マネジメントだって必要になる。外部に戦力を期待するのは当然の選択だ。ただ、取引コストの問題がある。だからこそ、あのインタビュイーのように、別の仕組みで取引コストを下げようとするわけだ。」

「関係性のコミュニティ化ですね。」

　僕の補足に十二所さんはうなずいてみせた。実際には、そこまで意識している

かはわからないけどもな、と付け加えて。単なる受発注の関係ではなく、コミュニティの関係をつくることに焦点を置く。それはもはや受発注プラットフォームとは呼べないのかもしれなかった。

「だからこその"世界観"の提示というわけですか。」

　僕がどんどん自己解決を進めていくさまを見ても、十二所さんは特に表情を変えなかった。この方向性であれば、価値を得る対象者には僕ら自身も含まれる。先ほどみんなで思い出したように誰もが関係不全の問題で痛い目にあった経験がある。そうした僕ら自身の経験、それを踏まえて、本当はどうなりたいのかという思いは、このプロダクトにつなげられるはずだ。なぜ、ほかならぬ自分たちがこのプロダクトを手掛けるのか。僕たち自身のWHYもきっと言葉にできる。

　しかし、「これからの受発注の関係は、コミュニティだ」と僕らが主張したくらいで、促すことができるのだろうか。新たな不安が首をもたげてきた。

「経験が累積することでたどり着ける状況があり、その状況だからこそ生まれてくる意欲や欲求がある。彼が目指しているところはそれほど突拍子なことではない。何度も取引していれば容易にたどり着く。ただ、それを実現する手間や労力、有効かどうかの可能性までを考えると、そこまで踏み切れない人が多い。」

　そうか、コミュニティ化は仮説キャンバスで言う「潜在課題」にあたるのだろう。一度は似たようなことを考えたことがあるけれども、実現に際してのハードルを前にあきらめてしまったこと。まったく今までになかった新たな世界観をいきなり提示しても理解してもらうには時間がかかる。潜在課題ならば、僕らの「可能性」の提示によって浮かび上げられるかどうかになる。

「ここまで、あくまで仮説だ。これこそ、あとはやってみるよりほかない。」

　十二所さんの最後の言葉は、僕にとって何よりのあと押しとなった。具体的にどのように実現していくか、まだ見えていないことが多い。それでも、この手がかりで突破していくより今の僕らには取れる道はない。あとはやるよりほかないんだ。

その決意が伝わったのだろうか、雪下さんも応じた。

「2周目のユーザーのジャーニーマップを描いてみましょう。いつもたいてい1周目を描いて終わることが多いですが、このテーマは"2周目の世界"を捉えてこそ、コミュニティ化を進めるために何が必要か見えてくることがありそうです。」

佐介くんも別の観点を挙げて、前に進むことをあと押しした。

「雪下さんとジャーニーマップを書きながら、私のほうでコミュニティ機能の設計を行ないますね。ただ、機能的には新たな設計が必要になってくる気がします。」

確かに、タスク管理とか、受発注管理をメインとしたプロダクトに言ってみればSNS的な機能を盛り込むようなものなのだ。このプロダクトの負債がすでに気になり始めるところだし、開発メンバーの手が足りなくなるのも目に見えている。僕の開発に関する懸念を察したように長楽さんが口を開いた。

「大町さんが西御門さんを引き受けているのを考えると、この先もあまり多くの時間はかけられない。二階堂さんたちに協力を求めよう。」

テーマ的に近くにいるとはいえ、そんなふうに手を借りることが可能なのだろうか、と疑問の声をあげようとして思いとどまった。マネージャーである長楽さんにはその調整がかけられる。ただ、いずれにしても二階堂さんチームの開発は止まることになる。それこそ、西御門さんの判断が必要な気がする。

それでも、僕らには二階堂さんに動いてもらうよりほかなかった。それこそ今から開発メンバーを外から引き込むことはできない。僕は長楽さん、十二所さんとともに二階堂さんに直接お願いしにいくことにした。

ひとしきりやろうとしていることを聞いたうえで、二階堂さん、そして同席していた小坪くんは顔を見合わせた。そちらの開発を止めて、こちらに力を貸してほしいという話なのだ。めちゃくちゃもよいところだ。二階堂さんはゆっくりとした口調で自分が言っていることを確かめるように話し始めた。

「まあ、こっちのプロダクトの開発をこまごま進めたところで、大勢に影響はない

からな。少し開発を止めたところで、急にダメになることも、いきなり躍進することもないのは目に見えている。」

　プロジェクト管理ツールはポジにもネガにも、安定しているのだ。とはいえ、開発を止めるというのは大きな判断に違いない。自嘲気味に話すものの、二階堂さんもこの判断をしていいのか、迷うところがあるはずだ。それがわかっているように、小坪くんがあと押しした。

「いまさら1、2か月開発が遅れたところで、ですね。」

　小坪くんも同意したことで、二階堂さんは自分の判断をより固めたらしい。小坪くんにうなずき返した。この2人はいつの間にか、阿吽の呼吸が利くような関係になっているようだった。

　僕が2人に申し訳なさと感謝の気持ちで言葉を詰まらせているのを察した二階堂さんは、いきなり冗談めいたトーンに切り替えた。

「これが十二所さんからのお願いだったら、引き受けないけどね。」

　唐突に、二階堂さんが揶揄するように十二所さんに言及した。僕はその直接的なもの言いに、一気に緊張感を覚えた。十二所さんが余計なことを言い始めるかもしれない。ところが、当の本人も、さも当然とばかりに応じた。

「そうだろうな。」

　二階堂さんと小坪くんの直接的な助力を得られたことで、僕らは圧倒的な速度感でプロダクトづくりを進めることができた。単なる受発注ではなく、自分たちだけの仕事のコミュニティを作ることができる。その触れ込みは、手っ取り早く仕事相手を見つけることに重きを置く人たちにとっては、案の定いまひとつの反応だった。

　一方で、Sさんのように、取引の関係自体を見直すことで、新たな効率性や可能性を模索したい人たちに対しては、「一度試してみよう」を引き出す打ち出しにはなった。それはまさにアーリーアダプターと呼ばれるような一握りの人たちで

しかない。

　ここから先、より多くの人たち（マジョリティ）に届けるためには、「仕事のコミュニティ」の有効性を結果でもって示していくこと、そして、プロダクトの磨き込みが必要なのは明白だった。アーリーアダプターが大目に見てくれている利用上の使いにくさやわかりにくさは、マジョリティにはきっと通じない。プロダクトを使いこなせるようになるための、能動的な働きかけを担うカスタマーサクセスも必要になる。

　PMFはまだ未知数なので、やはり事業開始というわけにはいかない。ただ、チームのフォーメーションは変えなければならない。これから先に向けてより適したメンバーのアサインが必要になる。いよいよもって、西御門さんと話をつけるよりほかなくなってしまった。僕らは、ここまでの検証結果を西御門さんに伝える場を設けた。

　その場に臨んだ西御門さんはだいぶ機嫌を損ねていた。いつの間にか、蚊帳<ruby>（かや）</ruby>の外に置かれていたことに気づいたのだろう。ひとしきり、僕らの報告を聞いて、いったいどんな反応を示すか、まったくもって読むことができなかった。西御門さんは僕らの説明を聞いて、開口一番切り出した。

「めっちゃ、良いじゃない。」

　いつか聞いたセリフをまったく同じように繰り返した。僕は一気にほっとして、胸をなで下ろしたい気持ちに駆られた。と、同時にこの人は本当に考えて言っているのだろうかという疑問がよぎった。

「仮説検証型アジャイル開発とか、何のことかよくわかっていなかったけど、こういうことなのね。」

　検証結果をモニター上で行ったり来たりさせながら、西御門さんはテンションの高まりが抑えきれないという感じだった。良かった。雪下さんや佐介くん、長楽さんたちも安堵<ruby>（あんど）</ruby>の声が漏れるのを隠そうともしなかった。二階堂さんや小坪くんも、同様だ。プロジェクト管理ツール側の遅れはこれできっとうやむやにできる。大町さんはにやにやとするばかりだ。

しかし、次に放った西御門さんの言葉に僕らは一気に静寂さを取り戻すことになる。

「こういうやり方を全社に広げるべきだね。それを、来期やろっか。」

　え？　会社の中に広げるってどういうこと。目の前の事業開発と何の関係もない。どういう意図かわからないけども、僕らの仕事が一気に増えるのは間違いない。僕らの静まりかえりようと西御門さんの現金な感じに、一人反応したのは十二所さんだった。彼は、珍しく声を出して、乾いた笑いを放っていた。

Epilogue

エピローグ

「これこそがプロダクトづくりであり、組織に必要な新たな仕事の進め方と言えるでしょう。」

　西御門さんの説明はそう締めくくられた。僕は毎日のように、西御門さんのプレゼンテーションに駆り出されている。仮説検証とアジャイルを全社に広げるために、西御門さんは自らその解説を買って出て、地道に説明の行脚を行なっているのだ。僕のプレゼンパートもあるため、西御門さんだけでは回せないようになっている。きっとそれは僕を巻き込むための作戦なのだろう。

　だが、他のマネージャーや経営陣の肝心の反応はいまひとつだった。仮説検証もアジャイルも、僕らの組織にとっては唐突な話なのだ。いくら、MVP検証で結果が出ているとはいえ、それを組織の「新たな仕事の進め方」にまで押し上げるには、どう考えてもまだ距離が遠すぎる。しょせんは話を聞かされるだけだから、どんな必要性があってどういう展開になりえるのか、想像がつきにくいのだろう。
　西御門さんの思いがけない熱意には驚かされたが、僕は今はプロダクトづくりに集中したい。西御門さんから声がかかるたびに、うんざりした気持ちになっていった。

「チームがアジャイルになったところで、組織がアジャイルでもなんでもなかったら、結局突き詰めることができなくなる。室長がやっていることは悪くはない。」

　時間がないことを嘆く僕に十二所さんはそう応じた。チームが状況に適した判断を取ろうとすれば、時に組織への働きかけが必要になることも出てくる。他の

チームの力を借りるとか、チームへの新たな役割の増員を進めるとか、まさしくだ。

　もちろん、僕も西御門さんのことは憎めないでいる。でも、この手のことはそれこそ十二所さんにお願いしたいくらいだ。なぜなら、ここまでの仕事は僕だからやれたことではないんだ。全部、十二所さんの受け売りでしかない。この人こそ、語るべきだ。

　そもそも、なぜ十二所さんは自分でできるのに、僕にやらせよう、やらせようとするのだろう。最初に出会ったときからそうだ。あの会議のファシリテートをなぜ僕になすりつけたのか。だんだんと、僕は腹が立ってきた。これでは、十二所さんの二人羽織じゃないか。

「そもそも、なんで十二所さんは自分でやらないんですか？」

「なぜって、ここまでやっていてわからないのか？」

　僕の静かな怒りを読み取ったのだろう、珍しく十二所さんの声には驚きが含まれていた。

「あのプロダクトのコンセプト自体をはじめとして、これまで乗り越えてきたことがすべて、その答えじゃないか。」

　プロダクトのコンセプト？　コミュニティを介した仲間作りと、十二所さんのサボタージュと何が関係あるのだ。僕が気づいていないことにため息をもらし、十二所さんは補足を始めた。

「発注者が一方的に選択する仕組みではうまくいかない壁がある。関係性自体を見直し、"仕事を与えている"のではなく、"仕事にともにあたる"というマインドシフトがあのプロダクトにはある。」

　もちろんそうだ。一方的な事の運びでは、いつまでたっても越えられない壁がある。これまでの立ち位置から少し離れてみることで、相手との関係を変えられる可能性を見いだせられる。あのプロダクトのメッセージはそこにある。これま

であったことを思い出してみると、確かにこの考えがあてはめられそうな気がした。

　昔の二階堂さんは一方的なマネジメントスタイルだった。ユーザーへの立ち返りを行なわないままだとしたら、きっとプロジェクト管理ツールは2年前に終わっている。

　次に、大町さん。大町さんも、最初は一方的なセールスの事情を押し込んでくるだけだった。でも、ともに考える場を取り入れてから、状況は変わった。今回も僕たちがプロダクトづくりに集中できるよう、組織との会話を買って出てくれた。

　それから、長楽さん。思えばあの企画は長楽さんの「進捗報告を簡単にする」という企画から始まったのだ。かたくなだった長楽さんも、僕らとの関わりの中でそのスタンスを変えてきた。

　「これまでこうだったから」とか「これまでを守り抜くには」といった感じでは、たどり着けない場所がある。でも、やっぱり、それは十二所さんでもできたことではないか。僕がまだわかっていないことに、十二所さんはあきれたような表情を見せた。

「これまでのスタンスを変えていくには、テクニカルなやり方だけ伝えたところでどうにもならない。現に、室長の活動がそうじゃないか。同じように俺だけが、ああだこうだ言って、どうにかなると思うのか？」

「もちろん、そうですけど十二所さんだって、僕がやっていたことはできるんでしょう。」

　そう言ってから、唐突にわかってしまった。慌てて、十二所さんの顔を見る。そこには、何とも言えない、困ったような表情があった。そうか、できないんだ。十二所さんには、僕がやっていたことはできないんだ。相手の考えや行動の進みに合わせて、振る舞いを変えるということができないんだ。そこにはなぜも、何もない。

「そうだ、俺にはできない。それは、最初に出会ったときから、そうだ。」

僕は、衝撃を受け止められずにいたが、十二所さんの言動を思い出して、見る見る納得感を得ていった。そして、1つのアイデアが浮かんだ。

僕らが取り組んだ内容を他の人に伝えていくには、やり方を淡々とまとめるだけではダメだ。どうやって段階的に乗り越えていくのか、人の内面にある感情の動きとともに語る必要がある。つまり、それはストーリー形式になるだろう。プロトタイプ検証のやり方として十二所さんが教えてくれたことがあるナラティブ・プロトタイピングをまさにあてはめることができる。

もちろん、ストーリーだけでは今度はまとまったやり方が見えてこないから、解説をつけよう。その解説の語りは僕がやることになる。だけど、ストーリーを作るにあたっては、十二所さんはもちろん、チームのみんなの協力が必要だ。僕は自分の思いつきを十二所さんにぶつけた。十二所さんはあまり表情を変えずに応じた。

「そういうことだよ、俺にはできなくて、笹目くんにできることとは。」

大きく変わることは難しい。それでも、僕たちは少しずつ変わることはできる。必要なのは、その時間をともにする相手がいることなのだろう。それは、いつ、どんな形で起こるかはわからない。たった今、十二所さんの僕の呼び方に小さな変化が起きたように。

Epilogue エピローグ

Afterword

おわりに

　プロダクトづくりにおいて、最もテンションがあがる瞬間とはどんなときでしょうか。チームや人によって様々な回答が寄せられることでしょう。私自身は、プロダクトが対象とするユーザーの「状況」に触れられたときです。誰かの想像ではなく、現実のリアルな状況。その状況下で取られるユーザーの行動。背後にある思考、感情。それらを垣間見たときに生まれるのは、トキメキにも似た感情です。いま、この瞬間、最も事実をつかんでいるのは、きっと自分。この発見を次に活かしたい、きっと活かしてみせる。そうした「高ぶり」を糧にプロダクトづくりに臨んでいます。むしろ、この「高ぶり」に出会うためにプロダクトや事業の開発に進んで携わっているように思います。「高ぶり」を得るための営み、それが本書のテーマである仮説検証とアジャイルです。

　プロダクトづくりはチームで行ないます。ですから、「高ぶり」はチームで分かち合うことになります。探索から得られたことをどのように解釈して、プロダクトや事業という形で表現していくか。その過程全般はいきいきとした創造性に満たされ、チームの強力な原動力になっていきます。その様子、感じをできる限りそのままに伝えたい。そして、仮説検証とアジャイルを実践するチームが増えてほしい。私が本書を「ストーリー」という形式に乗せて届けたかった理由はここにあります。

　やがて、チームが獲得した「高ぶり」はプロダクトや事業を通じてユーザーの元へと届いていくことになります。今度はユーザーが価値を感じえて、「状況」が進むことになる。ただし、一歩一歩の歩みが進展と同時に「次の課題」も生み出す。そのことをわかっているから、私たちは何度でも探索に出る。「高ぶり」を

手がかりに、プロダクトづくりを続けていくことになるのです。皆さんが出会った「高ぶり」について、ぜひ教えてください。私は私の「高ぶり」を伝え続けていきたいと思います。

　本書を作るにあたっては、草野孔希さん、小泉岳人さん、石橋琢磨さん、山田哲寛さんにレビューをしていただきました。多忙な日々の中で本書へのフィードバックに時間を捻出してくださったことに感謝します。

　最後に、この創作を見守ってくれた妻の純子に感謝します。いつもいつも、私を支えてくれてありがとう。

市谷聡啓

参考文献

アジャイル開発・スクラム

・『スクラムガイド』
https://scrumguides.org/download.html
https://scrumguides.org/docs/scrumguide/v2020/2020-Scrum-Guide-Japanese.pdf

・『SCRUM BOOT CAMP THE BOOK【増補改訂版】 スクラムチームではじめるアジャイル開発』
西村直人・永瀬美穂・吉羽龍太郎 著（翔泳社、ISBN：9784798167282）

・『いちばんやさしいアジャイル開発の教本 人気講師が教えるDXを支える開発手法』
市谷聡啓・新井剛・小田中育生 著（インプレス、ISBN：9784295008835）

・『カイゼン・ジャーニー たった1人からはじめて、「越境」するチームをつくるまで』
市谷 聡啓・新井 剛 著（翔泳社、ISBN：9784798153346）

・『アジャイルサムライ――達人開発者への道』
Jonathan Rasmusson 著／西村直人・角谷信太郎 監訳／近藤修平・角掛拓未 訳
（オーム社、ISBN：9784274068560）

・『アジャイルな見積りと計画づくり 価値あるソフトウェアを育てる概念と技法』
Mike Cohn 著／安井力・角谷信太郎 訳（マイナビ出版、ISBN：9784839924027）

仮説検証型アジャイル開発

・『正しいものを正しくつくる プロダクトをつくるとはどういうことなのか、あるいはアジャイルのその先について』
市谷聡啓 著（ビー・エヌ・エヌ、ISBN：9784802511193）

・『チーム・ジャーニー 逆境を越える、変化に強いチームをつくりあげるまで』
市谷聡啓 著（翔泳社、ISBN：9784798163635）

・『デジタルトランスフォーメーション・ジャーニー 組織のデジタル化から、分断を乗り越えて組織変革にたどりつくまで』
市谷聡啓 著（翔泳社、ISBN：9784798172569）

UXリサーチ

- 『ユーザーインタビューをはじめよう　UXリサーチのための「聞くこと」入門』
  スティーブ・ポーチガル　著／安藤貴子　訳（ビー・エヌ・エヌ、ISBN：9784802510585）

- 『はじめてのUXリサーチ　ユーザーとともに価値あるサービスを作り続けるために』
  松薗美帆・草野孔希　著（翔泳社、ISBN：9784798167923）

- 『デザインリサーチの教科書』
  木浦幹雄　著（ビー・エヌ・エヌ、ISBN：9784802511773）

プロダクトづくり

- 『プロダクトマネジメントのすべて　事業戦略・IT開発・UXデザイン・マーケティングからチーム・組織運営まで』
  及川卓也・曽根原春樹・小城久美子　著（翔泳社、ISBN：9784798166391）

- 『Lean UX 第3版 ―アジャイルなチームによるプロダクト開発』
  Jeff Gothelf・Josh Seiden　著／坂田一倫　監訳／児島 修　訳（オライリー・ジャパン、ISBN：9784873119984）

Index

著者紹介

市谷 聡啓（いちたに としひろ）

株式会社レッドジャーニー 代表

サービスや事業についてのアイデア段階の構想から、コンセプトを練り上げていく仮説検証とアジャイル開発の運営について経験が厚い。プログラマーからキャリアをスタートし、SIerでのプロジェクトマネジメント、大規模インターネットサービスのプロデューサー、アジャイル開発の実践を経て、自らの会社を立ち上げる。それぞれの局面から得られた実践知で、ソフトウェアの共創にたどり着くべく越境し続けている。

訳書に『リーン開発の現場』（共訳、オーム社）、著書に『カイゼン・ジャーニー』『チーム・ジャーニー』『デジタルトランスフォーメーション・ジャーニー』（翔泳社）、『正しいものを正しくつくる』『組織を芯からアジャイルにする』（ビー・エヌ・エヌ）、『いちばんやさしいアジャイル開発の教本』（インプレス）、『これまでの仕事 これからの仕事』（技術評論社）がある。

装丁／本文デザイン	大下賢一郎
DTP	BUCH+
編集	コンピューターテクノロジー編集部
校閲	東京出版サービスセンター

本書のご感想をぜひお寄せください

https://book.impress.co.jp/books/1123101101

アンケート回答者の中から、抽選で図書カード（1,000円分）などを毎月プレゼント。
当選者の発表は賞品の発送をもって代えさせていただきます。
※プレゼントの賞品は変更になる場合があります。

■商品に関する問い合わせ先

このたびは弊社商品をご購入いただきありがとうございます。本書の内容などに関するお問い合わせは、下記のURLまたは二次元バーコードにある問い合わせフォームからお送りください。

https://book.impress.co.jp/info/

上記フォームがご利用いただけない場合のメールでの問い合わせ先
info@impress.co.jp

※お問い合わせの際は、書名、ISBN、お名前、お電話番号、メールアドレス に加えて、「該当するページ」と「具体的なご質問内容」「お使いの動作環境」を必ずご明記ください。なお、本書の範囲を超えるご質問にはお答えできないのでご了承ください。

●電話やFAX でのご質問には対応しておりません。また、封書でのお問い合わせは回答までに日数をいただく場合があります。あらかじめご了承ください。
●インプレスブックスの本書情報ページ https://book.impress.co.jp/books/1123101101 では、本書のサポート情報や正誤表・訂正情報などを提供しています。あわせてご確認ください。
●本書の奥付に記載されている初版発行日から3 年が経過した場合、もしくは本書で紹介している製品やサービスについて提供会社によるサポートが終了した場合はご質問にお答えできない場合があります。

■落丁・乱丁本などの問い合わせ先
FAX 03-6837-5023
service@impress.co.jp
※古書店で購入された商品はお取り替えできません。

アジャイルなプロダクトづくり
価値探索型のプロダクト開発のはじめかた

2024年9月11日 初版発行

著　者	市谷 聡啓（いちたに としひろ）
発行人	高橋隆志
編集人	藤井貴志
発行所	株式会社インプレス
	〒101-0051　東京都千代田区神田神保町一丁目105番地
	ホームページ　https://book.impress.co.jp/

印刷所　株式会社暁印刷

ISBN978-4-295-02011-0　C3055

Printed in Japan